Logique

100 astuces pour la maîtriser

Laurence **DE CONCEICAO**

ellipses

ISBN 9782340-061354
©Ellipses Édition Marketing S.A., 2021
8/10 rue la Quintinie 75015 Paris

www.editions-ellipses.fr

SOMMAIRE

Avant-propos

Cet ouvrage **100 % neurones** a été conçu pour **muscler votre logique.**

Il vous propose un véritable **programme d'entraînement cérébral** complet, composé **de plus de 500 questions variées et de difficulté croissante.**

Même **si le cerveau n'est pas un muscle**, il faut **stimuler vos facultés cérébrales et cognitives en leur présentant diverses activités ludiques et constamment renouvelées** : séries, codages, intrus, analogies, dominos, anagrammes, palindromes, vocabulaire, jeux de mots, charades, proverbes, devinettes, logique formelle, syllogismes, calendriers, classements, logigrammes, diagrammes, damiers à remplir, bonne combinaison, attention et bien d'autres...

Au départ, votre cerveau vous semblera peut-être un peu ralenti.

Mais au fil des jours, **les entraînements étant de difficulté graduelle,** vous constaterez **une progression dans la rapidité de leur résolution.**

Il faut **étudier régulièrement, voire quotidiennement**, afin d'améliorer **l'assimilation des automatismes**.

Si une question vous semble trop déroutante, étudiez la correction : vous y reviendrez plus tard.

Vous devez **répéter l'utilisation** des astuces jusqu'à ce qu'elles **deviennent naturelles.** Les **astuces sont accompagnées d'exemples et de conseils pour gagner en efficacité.**

Familiarisez-vous avec les mécanismes intellectuels mis en œuvre.

Le dernier chapitre vous détaille **les différents moyens mnémotechniques : formules avec initiales, concaténation, découpage, catégories, Table de Rappel « rimes numériques » et Palais de la Mémoire.**

Que vous rencontriez des questions de logique **lors de tests dans des procédures de recrutement** ou que vous souhaitiez, **seul ou entre amis, muscler votre logique, cet ouvrage synthétique** vous propose **de déjouer leurs principaux pièges** grâce :

↳ aux astuces et aux exemples, qui vous feront **acquérir les bons réflexes et gagner en efficacité et rapidité ;**

↳ à la diversité des questions d'entraînement proposées et à leurs **corrections claires et détaillées** qui vous permettront de **progresser.**

Outre la **détente acquise** et **le plaisir de dompter la difficulté des problèmes offerts, vous dynamiserez vos facultés cérébrales, cognitives et vous stimulerez vos aptitudes intellectuelles** (y compris votre mémoire à court et long terme).

Ludique et bien construit, vous ne lâcherez plus ce livre **à utiliser quotidiennement comme un véritable coach !**

Bonne lecture.

Séries numériques

Les séries, appelées également suites, consistent en une succession de nombres disposés de façon régulière selon une certaine loi.
Pour chacune des séries proposées, vous devez découvrir cette loi afin de compléter la série : un, deux ou trois nombres sont à trouver.

Astuce 1 : une opération se répète

> Entre deux termes d'une série numérique, la même opération (+, –, ×, / ou une combinaison), se répète.

Exemple : 2 6 10 14 18 ?

- ✓ Chaque terme se déduit du précédent en ajoutant 4.
- ✓ L'élément manquant est : ? = 28 + 4 = 22. **Réponse : 22.**

Exemple : 2 5 11 23 47 ?

- ✓ Chaque terme se déduit du précédent en multipliant par 2 et en ajoutant 1.
- ✓ L'élément manquant est : ? = 47 × 2 + 1 = 94 + 1 = 95.
- ✓ **Réponse : 95.**

Astuce 2 : l'opération suit une progression

> Entre deux termes d'une série, l'opération suit une progression : elle augmente ou elle diminue d'un ou plusieurs rangs, elle est multipliée ou divisée, etc.

Exemple : 2 3 5 8 12 ?

- ✓ L'opération entre deux termes suit une progression : vous additionnez 1, puis 2, puis 3, puis 4, puis 5.
- ✓ L'élément manquant est : ? = 12 + 5 = 17. **Réponse : 17.**

Exemple : 2 3 6 11 18 ?

- ✓ L'opération entre deux termes suit une progression : vous additionnez les nombres impairs : 1, puis 3, puis 5, puis 7, puis 9.
- ✓ L'élément manquant est : ? = 18 + 9 = 27. **Réponse : 27.**

Astuce 3 : deux ou trois opérations se répètent

> Entre deux termes d'une série, deux, trois ou quatre opérations (+, –, ×, / ou une combinaison) se répètent.

Exemple : 5 4 8 7 14 ? ?

- ✓ Deux opérations se succèdent : vous retranchez 1, puis vous multipliez par 2, etc.
- ✓ Le premier élément manquant est : ? = 14 – 1 = 13 et le second est : ? = 13 × 2 = 26.
- ✓ **Réponses : 13 ; 26.**

Exemple : 2 4 7 9 17 ? ? 39 77

- ✓ Deux opérations se succèdent : vous additionnez 2, puis vous multipliez par 2 et vous retranchez 1 (× 2 – 1), etc.
- ✓ Le premier élément manquant est : ? = 17 + 2 = 19 et le second est : ? = 19 × 2 – 1 = 38 – 1 = 37.
- ✓ **Réponses : 19 ; 37.**

Astuce 4 : séries de termes particuliers

> Certaines séries peuvent comporter des termes particuliers : suite des carrés, des cubes, des nombres premiers, etc.

Exemple : 0 1 4 9 16 ? 36 49

- ✓ Dans cette série, les termes représentent la suite des carrés.
- ✓ L'élément manquant est : ? = 5^2 = 25.
- ✓ **Réponse : 25.**

Exemple : 0 1 8 27 ? 125 216 343

- ✓ Dans cette série, les termes représentent la suite des cubes.
- ✓ L'élément manquant est : ? = 4^3 = 64.
- ✓ **Réponse : 64.**

Exemple : **2 3 5 7 11 ? 17 19**

✓ Dans cette série, les termes représentent la suite des nombres premiers.

✓ L'élément manquant est : ? = 13. **Réponse : 13.**

Rappel

- Les nombres premiers sont les nombres entiers qui ne sont divisibles que par eux-mêmes et par 1 :

  2, 3, 5, 7, 11, 13, 17, 19, 23, 29, 31, 37, 41, 43, 47, 53, 59...

Astuce 5 : des opérations entre les termes

Dans certaines séries, il peut y avoir :

* une même opération dans chaque terme, ou :
* une opération entre deux termes pour donner un troisième terme, ou :
* une opération entre les chiffres d'un terme pour donner le terme suivant.

Exemple : **257 572 725 275 752 ?**

✓ Dans cette série, les termes sont composés des chiffres 2, 5 et 7 : seule la combinaison 527 n'apparaît pas dans la liste.

✓ **Réponse : 527.**

Exemple : **2 3 5 8 13 ? 34**

✓ Dans cette série, à partir du troisième terme, chacun est la somme des deux termes le précédant : 2 + 3 = 5 ; 3 + 5 = 8 ; 5 + 8 = 13.

✓ L'élément manquant est : ? = 8 + 13 = 21. **Réponse : 21.**

Exemple : **25 (11) 33 (10) 46 (25) 37 (?)**

✓ Dans cette série, le nombre entre parenthèses est le produit des deux chiffres du terme précédent, auquel vous ajoutez 1 :

  2 × 5 + 1 = 11.

✓ L'élément manquant est : ? = 3 × 7 + 1 = 22. **Réponse : 22.**

Entraînement 1

Dans chaque cas, trouvez la valeur de ? :

a.	6	9	12	?	18	21	24	27
b.	4	8	16	32	64	?	256	512
c.	324	108	36	?	4			
d.	3	8	23	?	203	608		
e.	4	14	22	28	?	34		
f.	7	8	11	20	47	?		
g.	8	15	28	53	?	199		
h.	11	13	18	20	25	?	32	34
i.	124	120	60	56	28	?	12	8
j.	9	10	30	31	93	?	282	283
k.	5	4	8	11	10	?	23	22
l.	148	74	75	72	36	?	34	17
m.	30	26	13	16	12	?	9	5
n.	96	83	72	63	?	51	48	47
o.	3	5	8	10	18	?	38	40
p.	3	9	14	18	21	23	?	
q.	2	4	6	12	14	28	?	60
r.	1	1	2	6	6	?	36	36

s. 78 789 39 12 ?

t. 24 (7) 36 (10) 76 (?) 49 (14)

u. 1 - 1 2 - 8 3 - 27 4 - 64 5 - ?

v. 457 754 574 745 547 ?

w. 6 - 4 - 5 - 19 5 - 3 - 1 - 14 2 - 6 - 1 - 11 2 - 5 - 3 - ?

x. 264 198 363 3?2 451 682 990

y. 61 52 63 ? 46 18

z. 2 416 5 225 3 327 4 36? 6 236 7 249

Correction de l'entraînement

a. Réponse : 15. Une opération : + 3.
b. Réponse : 128. Une opération : × 2.
c. Réponse : 12. Une opération : ÷ 3.
d. Réponse : 68. Une opération : × 3 – 1.
e. Réponse : 32. L'opération suit une progression : + 10, + 8, + 6, + 4, + 2.
f. Réponse : 128. L'opération suit une progression : + 1, + 3, + 9, + 27, + 81.
g. Réponse : 102. L'opération suit une progression : × 2 – 1, × 2 – 2, × 2 – 3, × 2 – 4.
h. Réponse : 27. Deux opérations se répètent : + 2, + 5.
i. Réponse : 24. Deux opérations se répètent : – 4, ÷ 2.
j. Réponse : 94. Deux opérations se répètent : + 1, × 3.
k. Réponse : 20. Trois opérations se répètent : –1, × 2, + 3.
l. Réponse : 37. Trois opérations se répètent : ÷ 2, + 1, – 3.
m. Réponse : 6. Trois opérations se répètent : – 4, ÷ 2, + 3.
n. Réponse : 56. L'opération suit une progression : – 13, – 11, – 9, – 7, – 5, – 3, – 1.
o. Réponse : 20. Deux opérations se répètent : + 2 et × 2 – 2.
p. Réponse : 24. L'opération suit une progression : + 6, + 5, + 4, + 3, + 2, + 1.
q. Réponse : 30. Deux opérations se répètent : × 2, + 2.
r. Réponse : 12. Trois opérations se répètent : × 1, × 2, × 3.
s. Réponse : 3. La somme des chiffres donne le terme suivant.
t. Réponse : 14. Le nombre entre parenthèses est la somme des deux chiffres le précédant augmentée de 1.
u. Réponse : 125. Chaque nombre est suivi de son cube.
v. Réponse : 475. Les cinq premiers termes sont composés des chiffres 4, 5 et 7 : seule la combinaison 475 n'apparaît pas dans la liste.
w. Réponse : 7. Dans chaque groupe de quatre termes, le quatrième vaut le produit des deux premiers auquel vous retranchez le troisième : 2 × 5 – 3 = 7.
x. Réponse : 5. Le chiffre des dizaines est la somme des deux autres.
y. Réponse : 94. Vous avez la suite des carrés mais en lecture en sens inverse : 16, 25, 36, 49, 64 et 81.
z. Réponse : 4. Chaque terme est construit de façon à ce que le premier chiffre élevé à la puissance indiqué par le deuxième donne le nombre composé par les deux derniers chiffres : $4^3 = 64$.

Séries de lettres et de mots

Les suites de lettres, appelées également séries alphabétiques, sont constituées de plusieurs lettres qui s'enchaînent et dont un des éléments est à trouver. Pour ce faire, vous devez repérer la logique qui permet de passer d'un terme au suivant, afin de l'appliquer et de trouver la réponse. Dans certaines, vous pouvez rencontrer des mots.

Astuce 6 : séries avec alphabet entier

Dans les séries alphabétiques, l'alphabet est cyclique, c'est à dire qu'après la dernière lettre Z, vous retournez à la première lettre A : **ABCDEFGHIJKLMNOPQRSTUVWXYZABCDEFGH…**

Exemple : **B F J N R ? Z D**

- ✓ Dans cette série, d'une lettre à l'autre, vous augmentez de quatre rangs.
- ✓ L'élément manquant est : ? = V. **Réponse : V.**

Exemple : **G I L P U ?**

- ✓ Dans cette série, d'une lettre à l'autre, vous augmentez de deux rangs, puis de trois rangs, puis de quatre rangs, puis de cinq rangs, puis de six rangs.
- ✓ L'élément manquant est : ? = A. **Réponse : A.**

Exemple : **BC F IJ M PQ ? WX**

- ✓ Dans cette série, il y a alternance d'un groupe de deux lettres, puis d'un groupe d'une lettre.
- ✓ D'un groupe à l'autre, vous augmentez de trois rangs.
- ✓ L'élément manquant est : ? = T. **Réponse : T.**

Astuce 7 : séries avec alphabet restreint

Quand les lettres de la série ne dépassent pas un certain rang alphabétique, par exemple G, il s'agit d'un alphabet restreint : arrivé à la dernière lettre G, vous revenez à la première lettre A : **ABCDEFGABCDEFGABCDEFG…**

Exemple : B C F G C D G A ??

- ✓ Dans cette série, l'alphabet restreint comporte les sept lettres : **ABCDEFG.**
- ✓ Dans chaque groupe de deux lettres, les lettres se suivent et d'un groupe à l'autre, vous augmentez de trois rangs (arrivé à G, vous revenez à A).
- ✓ Les éléments manquants sont : ? = D E. **Réponse : D E.**

Exemple : A C E C E G E G B ???

- ✓ Dans chaque trio de lettres, vous augmentez de deux rangs et les deux dernières lettres d'un trio sont les deux premières du trio suivant.
- ✓ Les éléments manquants sont : ? = G B D. **Réponse : G B D.**

Astuce 8 : séries d'initiales

Dans une série alphabétique, les termes peuvent représenter des initiales : jours de la semaine, mois de l'année, chiffres, etc.

Exemple : L M M ? V S D

- ✓ Dans cette série, vous retrouvez les initiales des jours de la semaine.
- ✓ L'élément manquant est : ? = J pour Jeudi. **Réponse : J.**

Exemple : J F M ? M J ? A S

- ✓ Dans cette série, vous retrouvez les initiales des mois de l'année.
- ✓ Le premier élément manquant est : ? = A pour Avril et le second est : ? = J pour Juillet.
- ✓ **Réponses : A ; J.**

Exemple : Z U D T ? C S S H

- ✓ Dans cette série, vous retrouvez les initiales des chiffres : Zéro, Un, Deux, Trois, Quatre, Cinq, Six, Sept, Huit, etc.
- ✓ L'élément manquant est : ? = Q pour Quatre. **Réponse : Q.**

Astuce 9 : séries avec formes particulières

> Dans une série alphabétique, les termes peuvent posséder une forme particulière : même nombre de barres, zone fermée, axe ou centre de symétrie, etc.

Exemple : **A F H ? N Y Z**

✓ Dans cette série, vous retrouvez, dans l'ordre, les lettres s'écrivant avec trois barres.

✓ L'élément manquant est : ? = K. **Réponse : K.**

Exemple : **A D O ? Q R**

✓ Dans cette série, vous retrouvez, dans l'ordre, les lettres possédant une seule zone fermée.

✓ L'élément manquant est : ? = P. **Réponse : P.**

Entraînement 1

Dans chaque cas, trouvez la valeur de ? :

a. G J M P S ?

b. F G I L P ?

c. L J H ? D B

d. D F I K N ?

e. H E G D F C E ?

f. B D C E D F E G F A ? ?

g. A C E D F A G B D ? ? ?

h. D V T Q C ? S Q

i. U T C S N ? T Q

j. G O ? T V

k. B C D E H I ? X

l. A H I M ? T U V W X Y

m. H I N O S ? Z

n. I V ? L C D M

Astuce 10 : séries de mots ou de prénoms…

Dans des séries comportant des mots ou des prénoms, vous pouvez rencontrer des logiques sur les mouvements des lettres, le nombre de voyelles, ou les initiales.

Exemple : affiche vache fraise demain ? matelas

☐ sommier ☐ commode ☐ nuage ☐ bureau

✓ Dans cette série, la lettre « a » se déplace d'un rang d'un mot à l'autre.

affiche vache fraise demain bureau matelas

✓ Le mot manquant possède « a » en 5e position. **Réponse : bureau.**

Exemple : MARC HUGO GABRIEL GEOFFROY ?

☐ YVAN ☐ DOMINIQUE ☐ DAVID ☐ RAPHAËL

✓ Dans cette série, le nombre de voyelles augmente : une, deux, trois, quatre et cinq.

✓ L'élément manquant possède cinq voyelles. **Réponse : DOMINIQUE.**

Exemple : JANTE FEVE MARBRE AVOINE ? JUPE

☐ CORRIDA ☐ RAYURE ☐ MAISON ☐ TOTAL

✓ Dans cette série, les deux premières lettres de chaque mot sont les deux premières lettres des mois de l'année : **JA**nvier, **FE**vrier, **MA**rs, **AV**ril, **MA**i, **JU**in.

✓ L'élément manquant commence par **MA** comme **MA**i.

✓ **Réponse : maison.**

Exemple : si ULRICH est le mari de CAROLE, PAUL le mari de OLIVE ; comment se prénomme le mari de LUCIE ?

☐ HUGO ☐ NATHAN ☐ FLORENT ☐ THOMAS

✓ Dans cette série, les prénoms de la femme et de son mari possèdent, à eux deux, les cinq voyelles : « A », « E », « I », « O » et « U ».

✓ L'élément manquant possède les voyelles « A » et « O ».

✓ **Réponse : THOMAS.**

Entraînement 2

Dans chaque cas, trouvez la valeur de ? :

o. ZEBU UNITE DEMAIN ? QUARTZ CIGOGNE

☐ ANIMAL ☐ FEMME ☐ TROQUET ☐ SILENCE

p. dimension samba ventre jeunesse merle ? lune

☐ poupée ☐ carte ☐ cinéma ☐ maroquinier

q. CARINE MARTINE NADINE JASMINE ? CLARISSE

☐ ANNIE ☐ SOPHIE ☐ CAROLE ☐ HELENE

r. LUC THOMAS ROMAIN ALEXANDRE ?

☐ HUGO ☐ JONATHAN ☐ CHARLES ☐ GUILLAUME

s. INTRIGUE ESPOIR REGRET TRAINING ? NARCISSE

☐ ARBITRE ☐ NATUREL ☐ GOUDRON ☐ CORYZA

t. MARIN TRIBU BEC JERK ? QUARTIER

☐ HAINE ☐ PERIODE ☐ SPECULOS ☐ DANSE

u. KAYAK (Y) ANANAS (S) MAMAN (?) CETTE (C)

v. Si Claude est le frère de Claire, Aurélie et Delphine, comment se prénomme le frère de Rosalie, Marion et Ingrid ?

☐ Nathan ☐ David ☐ Romain ☐ Philippe

w. Comment se prénomme la sœur de Dominique, Régine, Michelle et Fabienne ?

☐ Natacha ☐ Solange ☐ Béatrice ☐ Clémence

x. Comment se prénomme le père de Marc, Serge, Ingrid et Rocco ?

☐ Luc ☐ Ernest ☐ Jean ☐ Damien

Astuce 11 : séries de mots allographes

> Certaines séries comportent des mots allographes.
> Un allographe est un mot ou une phrase qui devient compréhensible uniquement en prononçant les lettres et les chiffres, un par un, à quelques variantes près.

Exemple : NRV KC AJT HT ?

☐ HIJ ☐ DUS ☐ SOL ☐ VGT

- ✓ Dans cette série, il faut lire les groupes de lettres : « énerver », « casser », « agiter », « acheter ».
- ✓ L'élément manquant peut se lire « végéter », soit VGT.
- ✓ **Réponse : VGT.**

Entraînement 3

Dans chaque cas, trouvez la valeur de ? :

y. ABI FIJ BB ? TIR

☐ FMI ☐ PMU ☐ AJO ☐ NKL

z. MRG RIG LUD ? HEV

☐ MIE ☐ RIT ☐ FSL ☐ LOP

Correction des entraînements

a. Réponse : V. Augmentation de 3 rangs.
b. Réponse : U. Augmentation de 1 rang, puis de 2, 3, 4, 5 rangs.
c. Réponse : F. Diminution de 2 rangs.
d. Réponse : P. Augmentation de 2 rangs, puis de 3 rangs, etc.
e. Réponse : B. Diminution de 3 rangs, puis augmentation de 2 rangs.
f. Réponses : G ; B. Alphabet restreint : ABCDEFG et vous augmentez de 2 rangs, puis vous diminuez d'un rang.
g. Réponses : C ; E ; G. Alphabet restreint : ABCDEFG et vous augmentez de 2 rangs, puis encore de 2 rangs, puis vous diminuez d'un rang.
h. Réponse : S. Initiales des dizaines : Dix, Vingt, Trente, Quarante, Cinquante, **S**oixante, Soixante-dix et Quatre-vingt.
i. Réponse : O. Initiales des chiffres impairs : Un, Trois, Cinq, Sept, Neuf, **O**nze, Treize et Quinze.

j. Réponse : O. Initiales des cinq sens : Goût, Odorat, **O**uïe, Toucher, Vue.
k. Réponse : O. Série de lettres possédant un axe de symétrie horizontal : B C D E H I **O** X.

Attention

La lettre K ne possède pas d'axe de symétrie horizontal !

l. Réponse : O. Série de lettres possédant un axe de symétrie vertical : A H I M **O** T U V W X Y.
m. Réponse : X. Série de lettres possédant un centre de symétrie : H I N O S **X** Z.
n. Réponse : X. Série de lettres représentant les chiffres romains : I V **X** L C D M.

Moyen mnémotechnique

Inès **V**e**X**e **L**e **C**hef **D**u **M**ess !

o. Réponse : TROQUET. Les deux premières lettres de chaque mot sont les deux premières lettres des chiffres : ZERO, UN, DEUX, TROIS, QUATRE, CINQ.
p. Réponse : maroquinier. Les deux premières lettres de chaque mot sont les deux premières lettres des jours de la semaine : dimanche, samedi, vendredi, jeudi, mercredi, mardi, lundi.
q. Réponse : ANNIE. Les prénoms ont les voyelles « A », « I », « E » dans cet ordre.
r. Réponse : GUILLAUME. Le nombre de voyelles est croissant : 1, 2, 3, 4 et 5.
s. Réponse : GOUDRON. La dernière lettre d'un mot devient la première lettre du mot suivant.
t. Réponse : DANSE. Pour chaque mot, la première lettre et la dernière lettre se suivent.
u. Réponse : N. La lettre entre parenthèses est l'unique lettre du mot.
v. Réponse : Romain. Le prénom du frère est formé des deux premières lettres des prénoms de ses trois sœurs : le frère de Rosalie, Marion et Ingrid se prénomme Romain.
w. Réponse : Solange. Les deux premières lettres des prénoms des cinq sœurs forment la suite des notes de musique : do, ré, mi, fa, sol.
x. Réponse : Luc. Chaque prénom ne contient qu'une seule voyelle : A, E, I, O et U.
y. Réponse : AJO. Vous formez : « abbaye », « effigie », « bébé », « agio » et « théière ».
z. Réponse : RIT. Vous formez : « émerger », « ériger », « éluder », « hériter » et « achever ».

Séries alphanumériques

Les séries alphanumériques comportent des lettres, des mots ou des prénoms mélangés avec des nombres.
Comme pour les autres séries, vous devez découvrir la loi régissant les divers éléments afin de compléter la suite : un, deux ou trois éléments sont à trouver.

Astuce 12 : séries de lettres et de nombres

Un chiffre peut représenter soit le rang alphabétique d'une lettre, soit une augmentation du rang.

A	B	C	D	E	F	G	H	I	J	K	L	M	N	O	P	Q	R	S	T	U	V	W	X	Y	Z
1	2	3	4	5	6	7	8	9	10	11	12	13	14	15	16	17	18	19	20	21	22	23	24	25	26

Exemple : 2 B 5 E 7 G 10 J 13 M ? P

- ✓ Dans cette série, le nombre indique le rang alphabétique de la lettre.
- ✓ L'élément manquant représente la position de la lettre P : ? = 16.
- ✓ **Réponse : 16.**

Conseil

Rappelez-vous les rangs des lettres repères :

E	J	O	T	Y
5	**10**	**15**	**20**	**25**

Exemple : B D (6) C E (8) F A (7) G B (9) J A (11) K B (?)

- ✓ Dans cette série, vous additionnez les rangs des lettres comme suit : 2 + 4 = 6 (2 pour B, 4 pour D) et le nombre 6 se retrouve entre parenthèses.
- ✓ L'élément manquant est : ? = 11 + 2 = 13 (11 pour K et 2 pour B).
- ✓ **Réponse : 13.**

Exemple : D (2) F (4) J (3) M (2) ? (4) S (3)

✓ Dans cette série, le nombre écrit à droite de la lettre vous donne le nombre de rangs qu'il faut additionner : vous augmentez M de deux rangs.

✓ L'élément manquant est : ? = M + 2 = O.

✓ **Réponse : O.**

Astuce 13 : séries de mots et de nombres

> Dans une série comportant des mots et des nombres :
> ✱ un chiffre peut représenter le rang d'une lettre, le nombre de lettres, de voyelles, de consonnes ou de barres constituant un mot, la somme des rangs des lettres, etc.
> ✱ une lettre peut représenter l'initiale de l'écriture d'un nombre en toutes lettres.

Exemple : KIWI (22) POIRE (32) COING (23) FRAISE (33) CITRON (?)

✓ Dans cette série, le nombre situé à droite de chaque mot indique le nombre de voyelles suivi du nombre de consonnes du mot.

✓ L'élément manquant est : ? = 24 car CITRON possède 2 voyelles et 4 consonnes.

✓ **Réponse : 24.**

Exemple : 31 (t) 45 (q) 23 (v) 54 (c) 82 (?) 76 (s)

✓ Dans cette série, la lettre située à droite de chaque nombre indique l'initiale du nombre écrit en toutes lettres.

✓ L'élément manquant est : ? = q car 82 s'écrit « quatre-vingt-deux » et a pour initiale q.

✓ **Réponse : q.**

Exemple : si KIWI = 18 et FRAISE = 15, alors que vaut POIRE ?

✓ Dans cette série, le nombre écrit à droite du mot représente la somme des rangs des voyelles.

✓ L'élément manquant est : ? = 29 car :

POIRE = 15 (pour O) + 9 (pour I) + 5 (pour E) = 29. **Réponse : 29.**

Exemple : L 5 M 5 M 8 J 5 V 8 S ? D 8

✓ Dans cette série, vous retrouvez les initiales des jours de la semaine et le chiffre qui suit indique le nombre de lettres du mot.

✓ L'élément manquant est : ? = 6 car Samedi possède 6 lettres.

✓ **Réponse : 6.**

Exemple : MET 10 ILE 7 LIT 5 ZEN ?

✓ Dans cette série, le nombre écrit à droite du mot représente le nombre total de barres composant le mot.

✓ L'élément manquant est : ? = 10 car ZEN = 3 + 4 + 3 = 10.

✓ **Réponse : 10.**

Conseil

Rappelez-vous le nombre de barres de certaines lettres :

Nombres de barres	1	2	3	4
Lettres	I	L, T, V, X	A, F, H, K, N, Y, Z	E, M, W

Astuce 14 : séries alphanumériques allographes

Certaines séries alphanumériques comportent des mots allographes à base de nombres, de lettres et/ou de mots.

Exemple : O B i 100 10 i P 1 100 C 1000 i E ?

☐ i 10 Q ☐ 100 T ☐ L 1000 P ☐ M 2000

✓ Dans cette série, il faut lire les groupes de lettres :

- **O B i 100** : « obéissant » ;
- **10 i P** : « dissipé » ;
- **1 100 C** : « insensé » ;
- **1000 i E** : « milieu ».

✓ L'élément manquant peut se lire « santé », soit 100 T.

✓ **Réponse : 100 T.**

Entraînement 1

Complétez les séries suivantes :

a.	D 5	F 7	H 9	M ?	R 19	V 23	
b.	C / 3	E / 5	G / 7	I / 9	? / ?	M / 13	
c.	614 (K)	322 (G)	735 (O)	548 (?)	875 (T)		
d.	876 (s)	723 (d)	583 (h)	139 (?)	256 (c)		
e.	4 + 6 = J,	8 + 5 = ?					
f.	L + D = P,	K + C = ?					
g.	X – 4 = T,	R – 5 = ?					
h.	S – B = Q,	K – C = ?					
i.	IV 3	VII 4	XVI 5	XVII 6	XXXV ?		
j.	XI O	XII D	XIII T	XIV ?	XV Q	XVI S	
k.	J 31	F 28	M ?	A 30	M 31	J 30	
l.	3 4 7 9	-	CDGI	2 4 8 6	-	????	

m. Si ROSE = 5 et GERANIUM = 13, alors que vaut COQUELICOT ?

n. Si TULIPE = 33 et JONQUILLE = 45, alors que vaut PIVOINE ?

o. 1 CERF 4 2 LAPIN 5 3 SOURIS 6 ? PANTHERE ? 5 OUISTITI 8

p. Si CHIEN = 34 et CANARI = 246, alors que vaut BREBIS ?

q. Si HUGO a 36 ans et PAUL a 22 ans, alors quel est l'âge d'OSCAR ?

r. Si KEVIN a 13 ans et MAXIME a 18 ans, alors quel est l'âge de NATHAN ?

s. A - 1 B - 1 G - 5 I - 3 L - 9 M - 10 U - ? W - 18

t. 1 11 111 1 111 ; U ? C M

u. 21 14 4 5 21 24 20 18 15 9 19 ?

v. Si Rémi est né le 9 Mai, Laurent le 20 Août et Quentin le 14 Juin, alors quand est né Régis ?

w. Quatre amis jouent au tiercé : si Quentin joue le 21, Guy le 6 et Roger le 10, alors quel numéro jouera Hugo ?

x. 10 Q T   K 7   1 10   2 20   A ?

☐ 10   ☐ 15   ☐ 16   ☐ 20

y. 1 secte   2 venir   ? tôle   10 crédit   100 thé

☐ 3   ☐ 4   ☐ 5   ☐ 6

z. 10 - 100 - 0 = 1, alors que vaut 100 - 100 - 0 ?

☐ 0   ☐ 1   ☐ 10   ☐ 100

Correction de l'entraînement

a. Réponse : 14. Le nombre représente le rang alphabétique de la lettre augmenté de 1.
b. Réponse : K ; 11. Le nombre représente le rang alphabétique de la lettre et d'un couple à l'autre, vous augmentez de 2 rangs.
c. Réponse : Q. La lettre a pour rang alphabétique la somme des trois chiffres à sa gauche.
d. Réponse : t. La lettre représente l'initiale du chiffre du milieu.
e. Réponse : M. La somme des deux chiffres donne le rang alphabétique de la lettre.
f. Réponse : N. La somme des rangs alphabétiques des lettres de gauche donne le rang alphabétique de la lettre de droite.
g. Réponse : M. La différence entre le rang alphabétique de la lettre de gauche et le chiffre donne le rang alphabétique de la lettre de droite.
h. Réponse : H. La différence des rangs alphabétiques des lettres de gauche donne le rang alphabétique de la lettre de droite.
i. Réponse : 8. Chaque nombre écrit en chiffres romains est suivi du nombre de barres nécessaires à son écriture : XXXV nécessite 8 barres.
j. Réponse : Q. Chaque nombre écrit en chiffres romains est suivi de son initiale : XIV = 14 s'écrit « **Q**uatorze ».
k. Réponse : 31. Initiales des mois de l'année suivies du nombre de jours.
l. Réponse : BDHF. Vous associez à chaque nombre la lettre ayant son rang alphabétique.
m. Réponse : 20. Le nombre écrit à droite de chaque mot représente le rang alphabétique de la dernière lettre.
n. Réponse : 43. Le nombre écrit à droite de chaque mot représente le nombre de voyelles suivi du nombre de consonnes du mot.

o. Réponses : 3 ; 8. Le nombre écrit à gauche d'un mot représente le nombre de voyelles et le nombre de droite représente le nombre de lettres.
p. Réponse : 35. Le nombre écrit à droite de chaque mot représente la position des voyelles dans le mot : pour BREBIS, E est en 3e place et I en 5e.
q. Réponse : 16. L'âge de chaque personne représente la somme des rangs des voyelles : OSCAR = 15 (pour O) + 1 (pour A) = 16.
r. Réponse : 17. L'âge de chaque personne représente le nombre total de barres composant le prénom.
s. Réponse : 5. A est la 1re voyelle, B la 1re consonne, G la 5e consonne, I la 3e voyelle, L la 9e consonne, M la 10e consonne, U la 5e voyelle et W la 18e consonne.

Conseil

Un nombre peut indiquer le rang d'une voyelle dans l'ordre des voyelles ou le rang d'une consonne dans l'ordre des consonnes :

- rangs des voyelles dans l'ordre des voyelles :

A	E	I	O	U	Y
1	**2**	**3**	**4**	**5**	**6**

- rangs des consonnes dans l'ordre des consonnes :

B	C	D	F	G	H	J	K	L	M	N	P	Q	R	S	T	V	W	X	Z
1	**2**	**3**	**4**	**5**	**6**	**7**	**8**	**9**	**10**	**11**	**12**	**13**	**14**	**15**	**16**	**17**	**18**	**19**	**20**

t. Réponse : O. Les lettres de droite sont les initiales des nombres de gauche écrits en toutes lettres.
u. Réponse : 17. Chaque nombre représente le rang d'une lettre : « UN – DEUX – TROIS », le suivant étant « QUATRE », d'initiale Q, dix-septième lettre de l'alphabet.
v. Réponse : 19 Mars. Le rang alphabétique de la dernière lettre du prénom et du mois représente le jour : la dernière lettre « s » de Régis et de Mars a pour rang 19.
w. Réponse : 8. Le numéro joué par chaque personne représente le produit du nombre de lettres par le nombre de voyelles de son prénom. Ainsi, ? = 8 car Hugo possède 4 lettres, 2 voyelles et 4 × 2 = 8.
x. Réponse : 16. Vous formez : « discuter », « cassette », « indice », « devin » et « ascèse ».
y. Réponse : 6. Vous formez : « insecte », « devenir », « systole », « discrédit » et « santé ».
z. Réponse : 10. Série phonétique : « 10 sans 0 = 1 » et « 100 sans 0 = 10 ».

Séries présentées en tableaux

Certaines séries alphanumériques peuvent être présentées sous forme de tableaux : sur plusieurs lignes, sous la forme de fractions, en triangle, en carré, en rectangle, en croix...

Astuce 15 : séries sur plusieurs lignes

Certaines séries se présentent sur plusieurs lignes : la logique peut alors s'effectuer en ligne, en colonne, en diagonale ou en dents de scie.

Exemple :

I	X	II	XII	LX
V	L	VI	X	XII
3	4	5	6	?

✓ Dans cette série, la logique s'effectue par colonne : le nombre inscrit sur la troisième ligne indique le nombre de barres nécessaires à l'écriture des nombres écrits en chiffres romains sur les deux premières lignes.

✓ L'élément manquant est : ? = 8 car LX et XII nécessitent 8 barres au total.

✓ **Réponse : 8.**

Conseil

Vous ne deviez pas considérer la suite 3 - 4 - 5 - 6 - 7 !

Astuce 16 : séries ressemblant à des fractions

Certaines séries ressemblent à des fractions, mais il s'agit de séries sur deux lignes : la logique peut alors s'effectuer en ligne, en colonne ou en dents de scie.

Exemple : $\frac{3}{5}$ $\frac{6}{5}$ $\frac{6}{8}$ $\frac{9}{8}$ $\frac{?}{?}$

✓ Dans cette série, qui ressemble à une série de fractions, il y a deux logiques en dents de scie :

- vous ajoutez 2 au nombre de la 1re ligne pour obtenir le nombre de la 2e ligne de la fraction suivante ;
- vous ajoutez 1 au nombre de la 2e ligne pour obtenir le nombre de la 1re ligne de la fraction suivante.

Exemple : $\frac{3}{5}$ $\frac{6 = \mathbf{5+1}}{5 = \mathbf{3+2}}$ $\frac{6 = \mathbf{5+1}}{8 = \mathbf{6+2}}$ $\frac{9 = \mathbf{8+1}}{8 = \mathbf{6+2}}$ $\frac{9 = \mathbf{8+1}}{11 = \mathbf{9+2}}$

✓ Le premier élément manquant est : ? = 8 + 1 = 9 et le second est : ? = 9 + 2 = 11.

✓ **Réponses : 9 ; 11.**

Conseil

Le piège serait plus important si le concepteur avait écrit la série de la façon suivante :
3 / 5 - 6 / 5 - 6 / 8 - 9 / 8 - ? / ?

Entraînement 1

Complétez les séries suivantes :

a.

DENISE + LUC	MARINE + JEAN	CHLOÉ + FABIEN	BÉATRICE + JULES
9	10	11	?

b.

BÉRÉNICE	ISABELLE	DELPHINE	CLÉMENCE
2468	1358	268	?

c.

ANNE	FANNY	MARTIAL	LYDIE
1 - 4 - 5	6 - 5 - 25	13 - 7 - 12	? - ? - ?

d.

CHAT	HIBOU	SINGE	PINGOUIN
0010	03045	03002	?

e.

38	43	89	65
T T	Q S	Q F	?

f.

UN	DEUX	TROIS	QUATRE	CINQ	SIX
2	4	5	6	?	3

g.

5	3	6	8	2	4
2	9	4	1	3	8
8	3	?	9	6	2

h. $\frac{1}{3}$ $\frac{4}{3}$ $\frac{7}{12}$ $\frac{19}{?}$

i. $\frac{0}{3}$ $\frac{2}{12}$ $\frac{5}{16}$ $\frac{7}{20}$ $\frac{?}{?}$

j. $\frac{T}{E} = D$ $\frac{N}{B} = G$ $\frac{R}{F} = ?$

k. $\frac{AW}{12}$ $\frac{TZ}{6}$ $\frac{IN}{3}$ $\frac{EX}{?}$

Astuce 17 : séries en triangle, en carré...

> Certaines séries peuvent se présenter dans un tableau, un triangle, un carré ou toute autre forme géométrique.

Exemple :

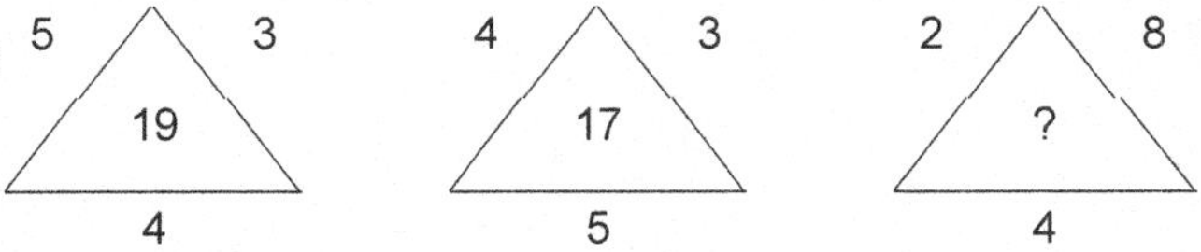

✓ Pour chaque triangle, le nombre à l'intérieur est la somme du produit des deux nombres du haut avec le nombre du bas : $5 \times 3 + 4 = 19$; $4 \times 3 + 5 = 17$.

✓ L'élément manquant est : $? = 2 \times 8 + 4 = 20$. **Réponse : 20.**

Exemple :

3	
16	5

4	
25	6

5	
?	7

✓ Pour chaque bloc de trois cases, le nombre en bas à gauche est le produit des nombres en diagonale auquel vous ajoutez 1.

✓ L'élément manquant est : $? = 5 \times 7 + 1 = 36$. **Réponse : 36.**

Exemple :

2	3	5	V
1	5	6	V
4	3	6	F
3	5	8	?

- ✓ Sur chaque ligne du carré, la lettre V ou F représente Vrai ou Faux selon que la somme des deux nombres des deux premières colonnes donne le nombre de la 3ᵉ colonne.
- ✓ En effet, 2 + 3 = 5 et V est l'initiale de Vrai. 1 + 5 = 6 et V est l'initiale de Vrai. 4 + 3 = 7 ≠ 6 et F est l'initiale de Faux.
- ✓ L'élément manquant est : ? = V, car 3 + 5 = 8 et V est l'initiale de Vrai. **Réponse : V.**

Entraînement 2

Complétez les séries suivantes :

l.

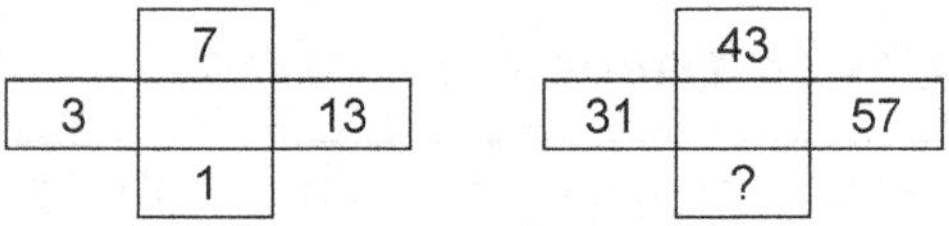

m.

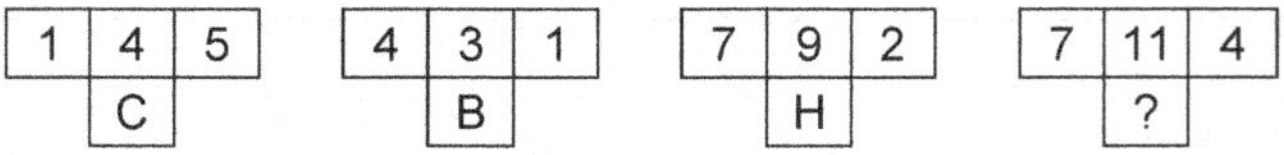

n.

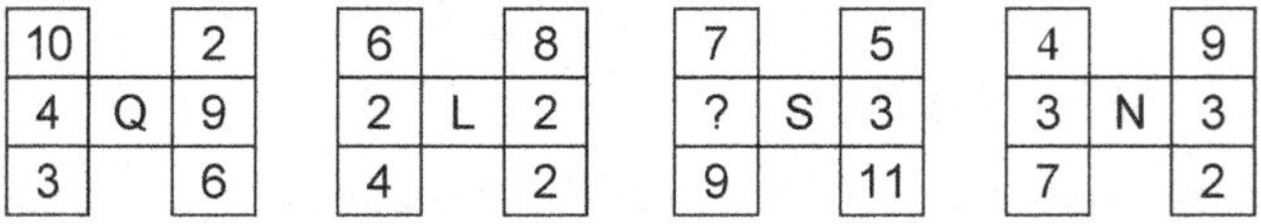

o.

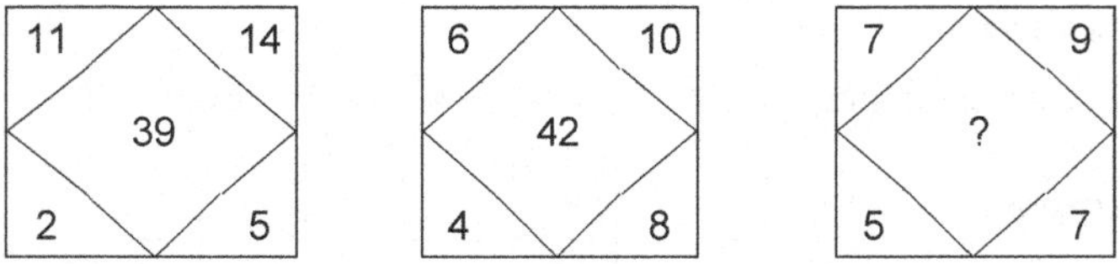

p.

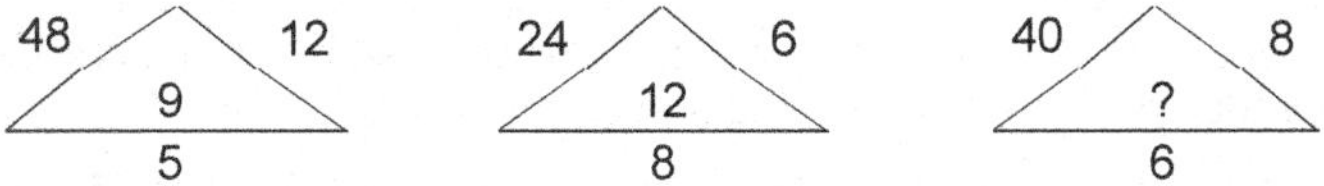

q.

	14	
18	24	16

	11	
14	?	15

	13	
7	12	4

r.

23456	13579	036912	15?1317

s.

658213479	965821347	796582134	?

t.

13	21	23	14	17
17	14	23	21	13

23	15	19	14	18
?	?	?	?	?

u.

7	3	13	5
5	7	3	7
8	9	?	5

v.

6		2
3		13
7		1

4		3
9		12
8		6

4		7
?		11
7		3

w.

mi	?	3	4
ré	do	2	1
M	J	M	A
M	L	F	J

x.

3	4	2	n
2	5	3	d
9	2	2	t
2	1	5	?

y.

7	2	5	33
6	3	8	45
8	4	7	52
9	?	7	57

z.

			14
	22		
31			
		?	

Correction des entraînements

a. Réponse : 13. Chaque nombre de la 2e ligne représente le nombre total de lettres du duo de prénoms situés au-dessus de lui.

b. Réponse : 358. Chaque nombre de la 2e ligne représente la position des voyelles dans le prénom : pour CLEMENCE, E est en 3e place, E en 5e place et E en 8e place.

c. Réponse : 12 - 5 - 5. Chaque trio de nombres de la 2e ligne représente : le rang de l'initiale - le nombre de lettres - le rang de la dernière lettre.

d. Réponse : 03004530. Chaque nombre de la 2e ligne représente un codage dans lequel une consonne est remplacée par 0 et une voyelle par son rang dans l'ordre des voyelles : pour PINGOUIN, I est la 3e voyelle, O la 4e, U la 5e et I la 3e.

e. Réponse : SQ. Chaque duo de lettres de la 2e ligne représente la première lettre et la dernière du nombre écrit en toutes lettres : 65 s'écrit « Soixante-cinQ ».

f. Réponse : 4. Chaque nombre de la 2e ligne représente le nombre total de lettres du nombre écrit en toutes lettres situé au-dessus de lui.

g. Réponse : 0. En additionnant les deux premières lignes, vous obtenez la troisième ligne : 536 824 + 294 138 = 83**0** 962.

h. Réponse : 84. En additionnant les deux nombres de la colonne précédente, vous obtenez le nombre du haut et en multipliant les deux nombres de la colonne précédente, vous obtenez le nombre du bas : 7 + 12 = 19 et 7 × 12 = 84.

i. Réponses : 8 ; 1 000. Sur la 1re ligne, les chiffres s'écrivant en 4 lettres se suivent (zéro, deux, cinq, sept, **huit**) et sur la 2e ligne, les chiffres s'écrivant en 5 lettres se suivent (trois, douze, seize, vingt, **mille**).

j. Réponse : C. La lettre a pour rang alphabétique le quotient des rangs des deux lettres de la colonne précédente : 18 ÷ 6 = 3 et C est la troisième lettre de l'alphabet.

k. Réponse : 8. Le nombre de la 2e ligne représente le produit des nombres de barres des lettres de la 1re ligne : E possède 4 barres et X possède 2 barres, donc ? = 8.

l. Réponse : 21. En ordonnant les termes : 1-3-7-13-?-31-43-57, l'opération suit la progression : + 2, + 4, + 6, + 8, + 10, + 12, + 14.

m. Réponse : J. La lettre de la deuxième ligne a pour rang alphabétique le chiffre du milieu de la première ligne ôté de 1. Ainsi, ? = J (11 – 1 = 10) et J est la 10e lettre.

n. Réponse : 3. La lettre de la colonne du milieu a pour rang alphabétique la somme des nombres de chaque colonne : 7 + ? + 9 = 19, soit 16 + ? = 19, ainsi ? = 3.

o. Réponse : 22. La différence entre le nombre de droite et celui de gauche donne le chiffre de gauche : 14 – 11 = 5 – 2 = 3 ; 10 – 6 = 8 – 4 = 4, donc 9 – 7 = 7 – 5 = **2**. La différence entre le nombre du haut et celui du bas donne le chiffre de droite : 11 – 2 = 14 – 5 = 9 ; 6 – 4 = 10 – 8 = 2, donc 7 – 5 = 9 – 7 = **2**.

p. Réponse : 11. Le nombre à l'intérieur est la somme du quotient des deux nombres du haut par celui du bas : 40 ÷ 8 = 5 et 5 + 6 = 11.

q. Réponse : 20. Le nombre est la moitié de la somme des trois nombres encadrés : 14 + 11 + 15 = 40 et 40 ÷ 2 = 20.

r. Réponse : 9. Dans le 1er rectangle, à chaque chiffre, vous ajoutez 1 ; dans le 2e, vous ajoutez 2 ; dans le 3e, vous ajoutez 3 et dans le 4e, vous ajoutez 4.

s. Réponse : 479658213. Le dernier chiffre du 1er rectangle devient le premier chiffre du 2e rectangle, etc.

t. Réponses : 18 ; 14 ; 19 ; 15 ; 23. Dans chaque rectangle, les nombres de la 1re ligne ont été réécrits sur la 2e ligne de droite à gauche.

u. Réponse : 2. Dans le 1er bloc, la somme des trois nombres vaut 20, dans le 2e, elle vaut 19, dans le 3e, elle vaut 18, dans le 4e, elle vaut 17.

v. Réponse : 10. Dans chaque bloc, la somme du 1er et du 3e nombre d'une colonne vaut le 2e nombre de l'autre colonne : ? = 7 + 3 = 10.

w. Réponse : fa. Vous avez les suites : « do ré mi fa », « 1234 », LMMJ pour « Lundi, Mardi, Mercredi, Jeudi » et JFMA pour « Janvier, Février, Mars, Avril ».

x. Réponse : h. Sur chaque ligne du carré, vous additionnez les trois nombres : la somme obtenue a pour initiale la lettre inscrite dans la dernière colonne. Pour la 1re ligne : 3 + 4 + 2 = 9 et n est l'initiale de neuf. Pour la 4e ligne : 2 + 1 + 5 = 8 et h est l'initiale de huit.

y. Réponse : 6. Sur chaque ligne, en multipliant le 1er nombre par le 3e nombre et en retranchant le 2e nombre, vous obtenez le 4e nombre : 9 × 7 – ? = 57, soit 63 – ? = 57, ainsi ? = 6.

z. Réponse : 43. Chaque nombre indique sa position dans la grille : ? = 43 (4e ligne et 3e colonne).

Séries doubles

Une série double contient deux séries : une première est représentée horizontalement et une seconde verticalement.
Elles sont constituées de groupes de lettres ou de chiffres. Cinq choix vous sont proposés.
Il s'agit de déterminer celui qui répond à la logique régissant la série horizontale et à la logique régissant la série verticale pour occuper la place du point d'interrogation.

Astuce 18 : séries doubles

> Dans les séries doubles, vous commencez par trouver la logique qui régit la suite horizontale : vous éliminez deux choix. Ensuite, vous trouvez la logique qui régit la suite verticale : vous éliminez deux autres choix.
>
> La réponse est le choix restant.

Exemple :

		1 2 1			
		1 6 9			
2 4 8	**3 3 9**	**?**	**4 1 4**	**3 2 6**	**2 4 8**
		3 2 4			
		2 5 6			

A. 224 **B.** 361 **C.** 313 **D.** 441 **E.** 144

✓ Première étape : vous trouvez la logique qui régit la suite horizontale : pour chaque terme, le produit des deux premiers chiffres donne le troisième. Vous éliminez B et D.

✓ Deuxième étape : vous trouvez la logique qui régit la suite verticale : chaque terme est un carré. Vous éliminez A et C.

✓ **Réponse : E.**

Entraînement 1

Dans chaque cas, trouvez la valeur de ? :

a.

516
618 515 ? 824 721
134
245
957

A. 309 **B.** 412 **C.** 426 **D.** 829 **E.** 927

b.

215
674
439
714 269 ? 172 530
821

A. 625 **B.** 356 **C.** 446 **D.** 851 **E.** 326

c.

3416
5308
7326 8731 ? 9264 7564
9568
8796

A. 5472 **B.** 9283 **C.** 6581 **D.** 5492 **E.** 7382

d.

YBN
CFM
HIL
MRK
AMC DNF ? ZPE IQM

A. BOJ **B.** COL **C.** DOP **D.** FNJ **E.** GHJ

e.

ANH
JFB
BFL ECO ? EDT FCR
LMD
EHU

A. CXA **B.** CGU **C.** CSF **D.** AGG **E.** BHP

f.

		THU		
		RZO		
DFH	FYS	?	JRU	LEA
		GAX		
		SNP		

A. HSQ **B.** DYU **C.** HKP **D.** AFO **E.** HIJ

g.

		AVI		
		MTB		
		CRH		
DAM	EXU	?	JKP	NBF
		ENQ		

A. FKA **B.** GOD **C.** GFD **D.** GPD **E.** FHY

Correction de l'entraînement

a. Réponse : E. Logique horizontale : le triple du premier chiffre vaut le nombre formé par les deux derniers chiffres. Logique verticale : le deuxième chiffre suit l'ordre : 12345.

b. Réponse : B. Logique horizontale : la somme des deux premiers chiffres vaut 8. Logique verticale : le premier chiffre et le troisième chiffre représentent un carré : 25, 64, 49, 36 et 81.

c. Réponse : E. Logique horizontale : la somme des quatre chiffres augmente : 18, 19, 20, 21 et 22. Logique verticale : la somme des deux premiers chiffres vaut la somme des deux derniers.

d. Réponse : A. Logique horizontale : la deuxième lettre suit l'ordre alphabétique : MNOPQ. Logique verticale : la troisième lettre suit l'ordre alphabétique inverse : NMLKJ.

e. Réponse : B. Logique horizontale : le produit des rangs alphabétiques des deux premières lettres donne le rang de la troisième lettre. Logique verticale, en dents de scie : la troisième lettre du 2e terme suit la première lettre du 1er terme, la première lettre du 3e terme suit la troisième lettre du 2e terme… : ABCDE.

f. Réponse : C. Logique horizontale : la première lettre augmente de deux rangs : DFHJL. Logique verticale : la lettre du milieu possède trois barres : HZKAN.

g. Réponse : D. Logique horizontale : la première lettre augmente d'un rang, puis de deux rangs, puis de trois rangs, puis de quatre rangs : DEGJN. Deux logiques verticales :

- la première, dans laquelle la troisième lettre du 2e terme suit la première lettre du 1er terme, la première lettre du 3e terme suit la troisième lettre du 2e terme… : ABCDE ;
- la seconde, dans laquelle la deuxième lettre diminue de deux rangs : VTRPN.

Séries spatiales

Chaque question de logique spatiale est constituée d'une série de cadres ou de damiers contenant des formes géométriques, des symboles, des chiffres et/ou des lettres.
Les trois cadres de la première rangée doivent vous permettre de trouver le(s) lien(s) logique(s) afin de déterminer, parmi les quatre cadres proposés sur la deuxième rangée, celui qui pourrait occuper la place du cadre contenant le point d'interrogation, ou de trouver directement la solution lorsqu'il s'agit d'une série de damiers.

Astuce 19 : séries spatiales de 7 cadres

> Dans une série spatiale contenant 7 cadres, il faut déduire des trois premiers cadres la ou les règle(s) logique(s) qui les rassemble(nt) afin de trouver l'unique solution qui respecte à la fois l'ensemble de ces logiques.
>
> Une même série spatiale peut rassembler jusqu'à quatre ou cinq logiques différentes.

Exemple :

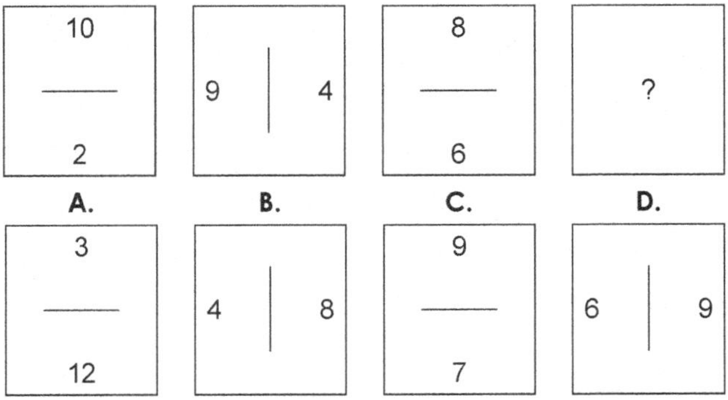

- ✓ Le trait alterne à l'horizontale, à la verticale…
- ✓ La somme des nombres suit une progression arithmétique : 12-13-14-?, donc la somme des deux nombres vaut 15.
- ✓ **Réponse : D.**

Entraînement 1

Complétez les séries spatiales suivantes.

a.

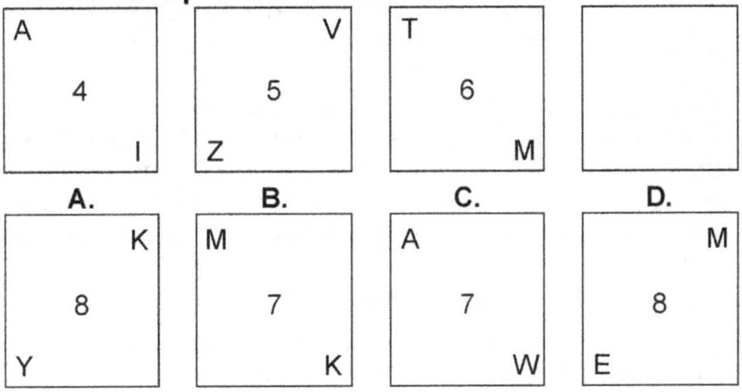

b.

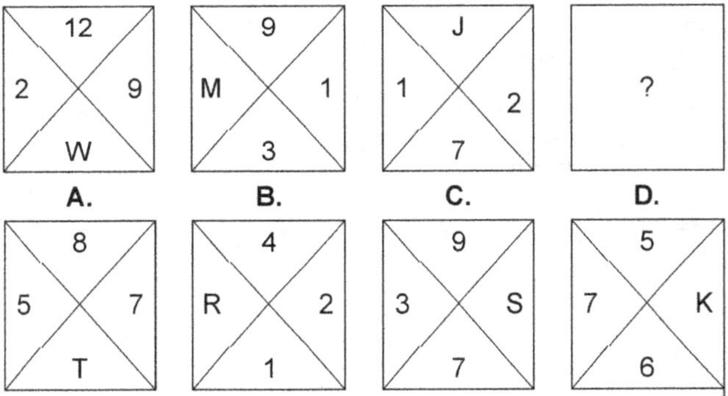

c.

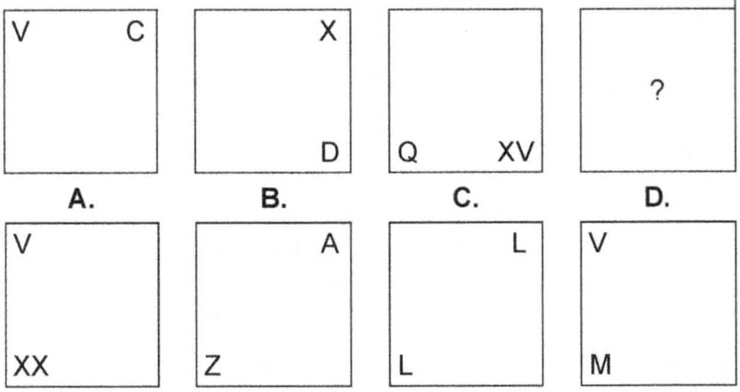

d.

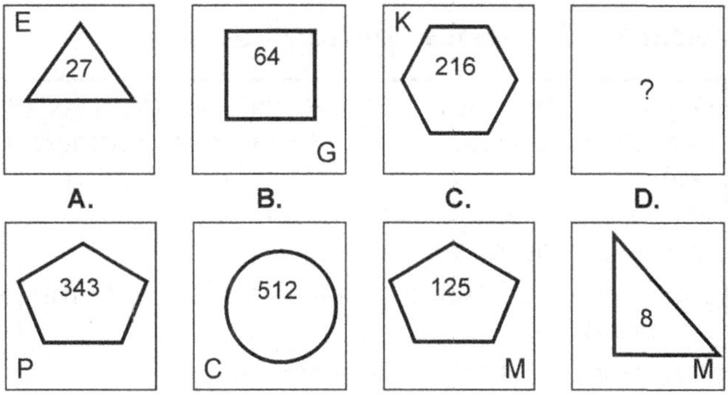
E
27
64
G
K
216
?
A.
B.
C.
D.
343
P
512
C
125
M
8
M

e.

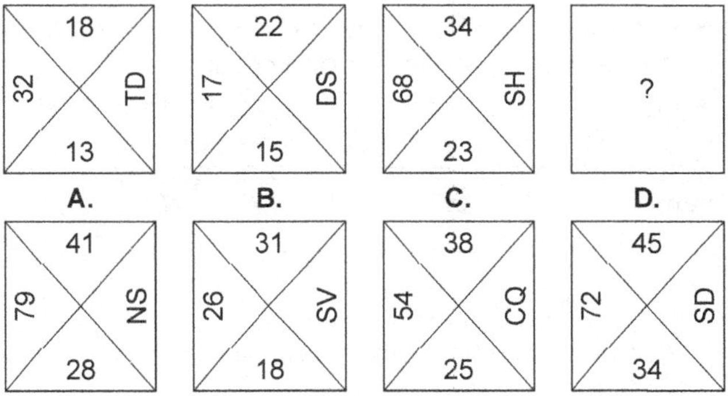
18
32
TD
13
22
17
DS
15
34
68
SH
23
?
A.
B.
C.
D.
41
79
NS
28
31
26
SV
18
38
54
CQ
25
45
72
SD
34

f.

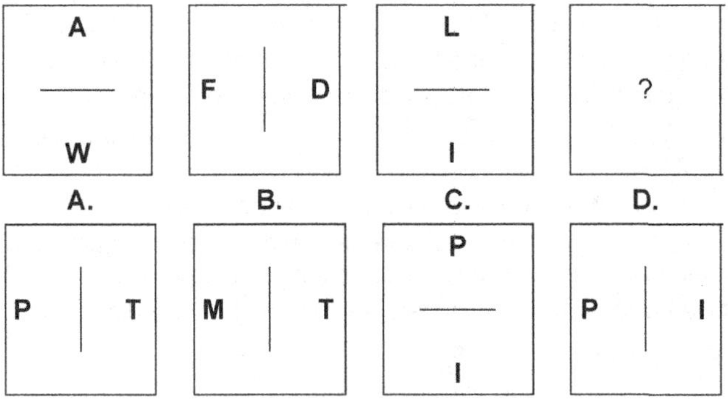
A
W
F
D
L
I
?
A.
B.
C.
D.
P
T
M
T
P
I
P
I

Astuce 20 : séries spatiales de damiers

Dans une série spatiale contenant des damiers, chaque carré contient des formes, chacune se déplaçant selon une règle que vous devez déchiffrer : en diagonale, à la verticale, à l'horizontale, en dents de scie, sur le pourtour, toutes les cases, une sur deux…

Il faut savoir que sur une même case, une forme peut en cacher d'autres :

✱ la plus spacieuse reste représentée ;

✱ à taille égale, c'est la plus sombre qui reste visible ;

✱ une forme peut changer de couleur, un chiffre ou une lettre peuvent augmenter en valeur ;

✱ une forme peut sortir d'un côté du damier : dans ce cas, elle rentre de l'autre côté du damier.

Exemple :

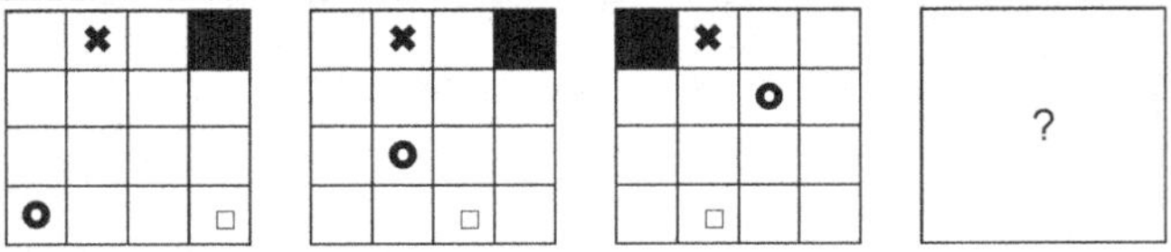

✓ Vous devez trouver la logique pour chaque forme :

- la croix ✖ reste à la même place ;
- la case noire se déplace d'une case vers la droite : arrivée à l'extrémité droite de la figure, elle rentre du côté gauche ;
- le rond **O** se déplace d'une case en diagonale de bas en haut ;
- le carré blanc □ se déplace d'une case vers la gauche.

✓ Vous faites subir les mêmes déplacements aux formes de la 3e figure :

- le rond **O** arrive dans la case en haut à droite ;
- la case noire arrive dans la deuxième case de la première ligne : elle occulte la croix ✖ puisqu'elle est plus volumineuse ;
- le carré blanc □ arrive dans la case en bas à gauche.

Réponse :

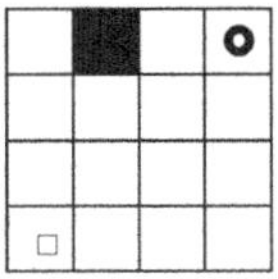

Entraînement 2

Complétez les séries spatiales suivantes.

g.

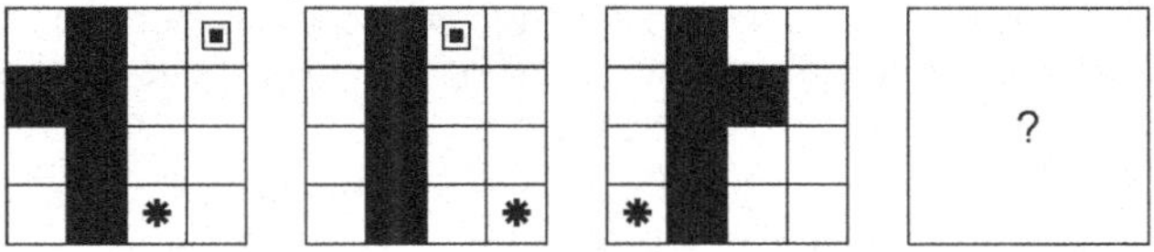

h.

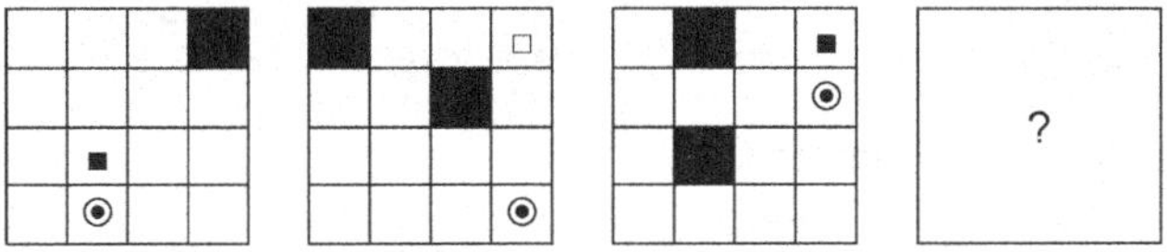

i.

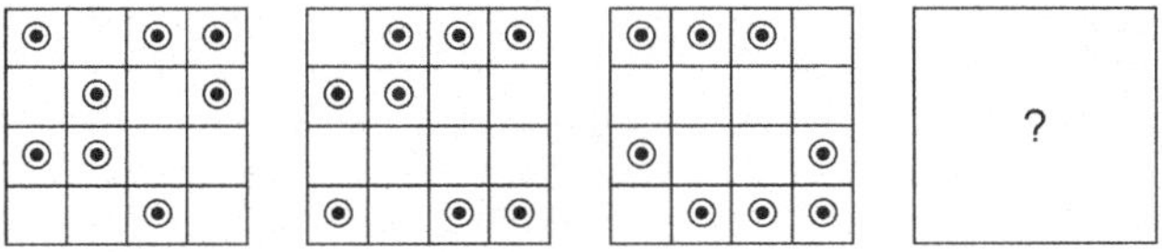

j.

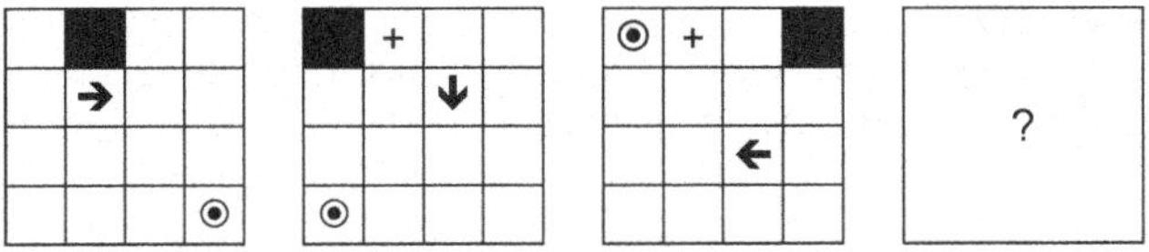

k.

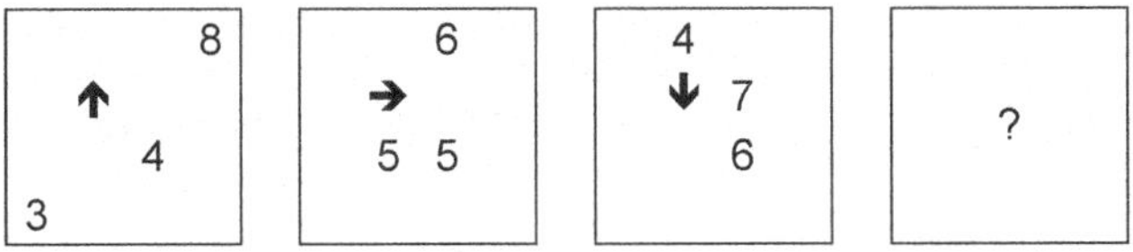

l.

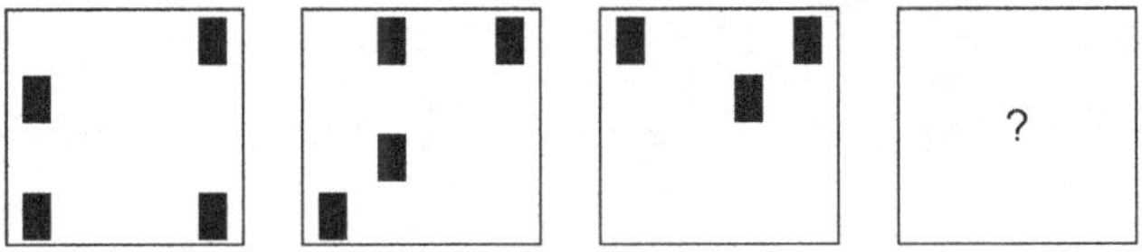

Correction des entraînements

a. Réponse : D. Première logique : les lettres tournent de 90° : vous éliminez B et C. Deuxième logique : pour chaque carré, la somme des barres des deux lettres vaut le chiffre du milieu : vous éliminez A.

Conseil

Ne considérez pas la suite 4 - 5 - 6 - 7 !

b. Réponse : C. Première logique : la lettre tourne de 90° dans le sens des aiguilles d'une montre : vous éliminez A et B. Deuxième logique : la somme des trois nombres représente le rang alphabétique de la lettre : vous éliminez D.

c. Réponse : A. Première logique : les lettres tournent de 90° dans le sens des aiguilles d'une montre : vous éliminez B et C. Deuxième logique : la 2e lettre est l'initiale du chiffre romain représenté par la 1re lettre : vous éliminez D. **V** pour **V**ingt = XX.

d. Réponse : C. Première logique : les lettres tournent de 180° et le rang alphabétique est représenté par la suite des nombres premiers : 5-7-11-13 : vous éliminez A et B. Deuxième logique : le nombre vaut le cube du nombre de côtés de la figure : vous éliminez D.

e. Réponse : C. Première logique : les lettres de droite représentent les initiales du nombre de gauche : 54 « **C**inquante-**Q**uatre » : vous éliminez A et B. Deuxième logique : la différence des deux nombres du haut et du bas représente la suite des nombres premiers : 5-7-11-13 : vous éliminez D.

f. Réponse : D. Première logique : le trait alterne à l'horizontale, à la verticale... : vous éliminez C. Deuxième logique : les lettres ont pour rang alphabétique la suite des carrés : 1-4-9 et 16 (A-D-I et **P**) : vous éliminez B. Troisième logique : les lettres possèdent des nombres de barres décroissants : 4-3-2-1 (**I** possède une barre) : vous éliminez A.

g.

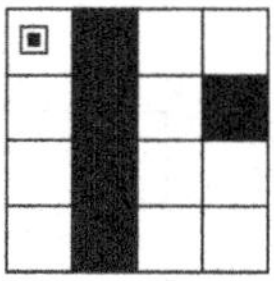

Il y a présence d'un « cache » : la 2e colonne reste fixe et peut masquer les autres éléments ; la case noire se déplace d'une case vers la droite ; l'étoile ✱ d'une case vers la droite (elle est masquée par la 2e colonne) et le ▣ d'une case vers la gauche.

h.

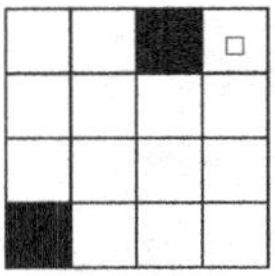

Le carré blanc □ reste à la même positon (sur la 1re figure, il est occulté par la case noire et sur la 3e, par le carré noir) ; le carré noir ■ se déplace d'une case en diagonale vers le haut (sur la 2e figure, il est masqué par une case noire) ; le rond ⦿ se déplace sur le pourtour de deux cases dans le sens inverse des aiguilles d'une montre ; une première case noire se déplace d'une case vers la droite et une seconde case noire d'une case en diagonale vers le bas.

i.

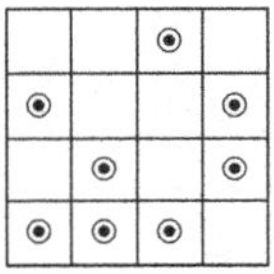

Sur la 1re colonne, les ⦿ se déplacent d'une case vers le bas. Sur la 2e colonne, les ⦿ se déplacent d'une case vers le haut. Sur la 3e colonne, les ⦿ restent immobiles. Sur la 4e colonne, les ⦿ se déplacent d'une case vers le haut.

j.

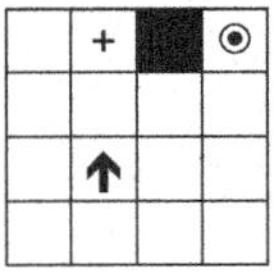

Le rond ⦿ passe de coin en coin ; la flèche ➔ se déplace dans le bloc central de quatre cases en changeant son orientation. La case noire se déplace d'une case vers la gauche. Le + reste à la même place.

k.

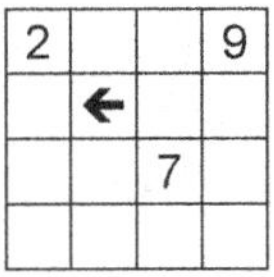

Sur la diagonale, de bas en haut, vous avez la suite des nombres impairs ; sur la première ligne, de droite à gauche, vous avez la suite des nombres pairs (ordre décroissant) et le 4, tout en restant à la même place, devient 5, puis 6, puis 7.

j.

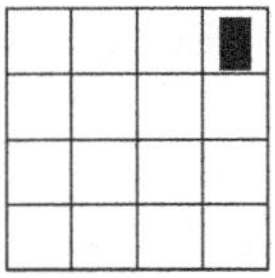

Le carré en haut à droite reste immobile.
Celui de la deuxième ligne se déplace en dents de scie sur les deux premières lignes.
Le carré en bas à gauche se déplace d'une case en diagonale de bas en haut.
Le carré en bas à droite passe de coin en coin dans le sens des aiguilles d'une montre.

Symboles et opérateurs

Astuce 21 : symboles et valeur la plus importante

Certaines questions vous présentent plusieurs égalités de symboles et vous devez trouver la série de symboles procurant la valeur la plus importante.

Exemple : si ♀ vaut ♠ ♠ ♠ et ♂ vaut ♠ ♠, quelle liste de symboles représente la plus grande valeur ?

A. ♂ ♂ ♠ ♠ ♠ ♀ **B.** ♀ ♀ ♠ ♠ ♂ ♂ ♠ ♠

C. ♠ ♠ ♀ ♀ ♠ ♂ ♠ ♠ **D.** ♠ ♂ ♀ ♀ ♠ ♠

✓ Vous transformez chaque proposition en fonction du symbole ♠ puisque ♀ et ♂ sont déjà exprimés en fonction de ♠ :

- le choix A a une valeur de : 2 × 2 ♠ + 3 ♠ + 3 ♠ = 10 ♠ ;
- le choix B a une valeur de : 2 × 3 ♠ + 2 ♠ + 2 × 2 ♠ + 2 ♠ = 14 ♠ ;
- le choix C a une valeur de : 2 ♠ + 2 × 3 ♠ + 1 ♠ + 2 ♠ + 2 ♠ = 13 ♠ ;
- le choix D a une valeur de : ♠ + 2 ♠ + 2 × 3 ♠ + 2 ♠ = 11 ♠.

✓ **Réponse : B.**

Entraînement 1

Pour chaque question, quelle série de symboles représente la valeur la plus importante ?

a. Si μ vaut ♠ ♠ et ☼ vaut ♠ ♠ ♠ :

A. μ μ ♠ ♠ ♠ ☼ ☼ ♠ **B.** μ μ ♠ ♠ ☼ ☼ ♠

C. ♠ ♠ μ ☼ ♠ μ ♠ ♠ ♠ **D.** μ ♠ ☼ ☼ ♠ ♠ ♠

b. Si ☺ vaut ♣ ♣ ♣ et ♪ vaut ♣ ♣ :

A. ♪ ♪ ♪ ♣ ♣ ♣ ☺ ☺ **B.** ♪ ♪ ♣ ♣ ☺ ♪ ♣ ♣

C. ♪ ♪ ♣ ♣ ☺ ♪ ♣ ♣ **D.** ☺ ♪ ♣ ♣ ♣ ☺ ☺ ♣ ♣

c. Si β vaut Σ Σ et Σ vaut α α α :

A. α α β β Σ α α **B.** α α α α β β Σ Σ

C. β β α α Σ Σ Σ α α **D.** α α Σ Σ Σ β β

d. Si α vaut Ψ Ψ, δ vaut γ γ et γ vaut Ψ Ψ Ψ :

A. α α γ δ δ Ψ Ψ **B.** α α α α Ψ γ γ δ δ

C. α α Ψ γ γ δ **D.** α α Ψ Ψ Ψ γ γ δ

Astuce 22 : trouver la valeur d'un symbole

> Certaines questions proposent plusieurs égalités contenant des symboles et vous devez trouver la valeur du symbole demandé.

Exemple : si ♀ + ♠ = 3 et ♠ = ♀ + 1, alors que vaut ♀ ?

A.	0	**B.**	1
C.	2	**D.**	3

✓ Vous utilisez la deuxième égalité pour remplacer ♠ par ♀ + 1 dans la première égalité :

♀ + ♠ = 3, soit ♀ + ♀ + 1 = 3, ainsi 2♀ = 2, donc ♀ = 1.

✓ **Réponse : B.**

Entraînement 2

Pour chaque question, vous devez donner la valeur du symbole demandé (résultat sous forme d'un chiffre de 0 à 9).

e. Si £ + @ = ♠ + ♥ et £ = ♥ – @, alors que vaut ♠ ?

f. Si £ + ☼ = ♥ ; ♥ + £ = ♪ et £ + £ + ☼ = 1, alors que vaut ♪ ?

g. Si ♫ + £ = 5 et £ = ♫ + 1, alors que vaut ♫ ?

h. Si £ + @ = 2 ; £ + ♥ = 2 et @ + ♥ = 6, alors que vaut @ ?

i. Si ☼ + ☼ + £ = 4 ; £ + ♥ = 6 et ♥ = ☼ + 4, alors que vaut ☼ ?

j. Si ♣ + £ + ♥ = 4 – ♪ ; ♣ – ♥ = ♪ – £ et ♣ = £, alors que vaut £ ?

k. Si ♪ = 5 ; 20£ = 2@ et @ = ♪ + ♪, alors que vaut £ ?

l. Si ♪ + £ = ♫ ; ♫ + ♥ = ♠ et ♪ + £ + ♥ = 5, alors que vaut ♠ ?

m. Si £ + ☼ = ♠ + ♥ et ☼ – ♠ = ♥, alors que vaut £ ?

n. Si ♥ + @ + @ = ♠ ; ♠ – £ = @ – ♥ et £ – @ = 8, alors que vaut ♥ ?

Astuce 23 : opérateurs

> Un tableau comportant plusieurs formes vous est présenté : sur ces symboles, des opérateurs peuvent être effectués. Chacun de ces opérateurs reste invariable tout au long de l'exercice.

Exemple : voici un tableau comportant douze symboles sur lesquels peuvent être effectués quatre opérateurs : ! !, { }, ^ ^ et [ ].

Si ! ⇩ ! = λ et { ➘ } = λ, alors :

A. { ♥ } = ♉ B. ! π ! = ♥ C. ! ⭘ ! = ➘ D. { ♫ } = π

⇩	π	⭘	λ	♫
Φ				➘
♉	Ω	♥	☺	♂

✓ Vous devez trouver à quel déplacement correspond chaque opérateur :

- ! ! représente un déplacement de trois rangs dans le sens des aiguilles d'une montre, que vous pouvez noter + 3 ;
- { } représente un déplacement de deux rangs dans le sens contraire des aiguilles d'une montre, que vous pouvez noter – 2.

✓ **Réponse : C.**

Conseil

Si vous composez des déplacements, alors vous additionnez les opérations.

Entraînement 3

En appliquant les données de l'exemple précédent dans les questions suivantes, trouvez la bonne réponse.

o. Si ^ Φ ^ = λ et [➘] = ♫, alors :

A. ^ ♂ ^ = Φ B. [♉] = ☺ C. [⭘] = ⇩ D. ^ ⇩ ^ = ♫

p. Si { ☺ } = ➘ et ^ Ω ^ = π, alors :

A. ♥ = { ^ Ω ^ } B. ♥ = { ^ ♫ ^ }
C. ♥ = { ^ ♂ ^ } D. ♥ = { ^ ⇩ ^ }

q. Si ^ { Ω } ^ = Φ et ! [♫] ! = ♂, alors :

A. λ = ! ^ [Ω] ^ ! B. ☺ = ! ^ [Ω] ^ !
C. ♥ = ! ^ [Ω] ^ ! D. ♫ = ! ^ [Ω] ^ !

r. ^ ! { Φ } ! ^ =

A. λ B. ☺
C. ♥ D. ♫

Correction des entraînements

a. Réponse : A. Vous transformez en ♠.
A : 2 × 2 ♠ + 3 ♠ + 2 × 3 ♠ + 1 ♠ = 14 ♠ ; B : 2 × 2 ♠ + 2 ♠ + 2 × 3 ♠ + 1 ♠ = 13 ♠ ;
C : 2 ♠ + 2 ♠ + 3 ♠ + 1 ♠ + 2 ♠ + 3 ♠ = 13 ♠ ; D : 2 ♠ + 1 ♠ + 2 × 3 ♠ + 3 ♠ = 12 ♠.

b. Réponse : D. Vous transformez en ♣.
A : 3 × 2 ♣ + 3 ♣ + 2 × 3 ♣ = 15 ♣ ; B : 2 × 2 ♣ + 2 ♣ + 3 ♣ + 2 ♣ + 2 ♣ = 13 ♣ ;
C : 2 × 2♣ + 2♣ + 3♣ + 2♣ + 2♣ = 13♣ ; D : 3 ♣ + 2♣ + 3♣ + 2 × 3♣ + 2♣ = 16♣.

c. Réponse : C. Vous transformez en α.
A : 2 α + 2 × 2 × 3 α + 3 α + 2 α = 19 α ; B : 4 α + 2 × 2 × 3 α + 2 × 3 α = 22 α ;
C : 2 × 2 × 3α + 2 α + 3 × 3α + 2 α = 25 α ; D : 2 α + 3 × 3α + 2 × 2 × 3α = 23 α.

d. Réponse : B. Vous transformez en Ψ.
A : 2 × 2Ψ + 3Ψ + 2 × 2 × 3Ψ + 2Ψ = 21Ψ ;
B : 4 × 2Ψ + Ψ + 2 × 3Ψ + 2 × 2 × 3Ψ = 27Ψ ;
C : 2 × 2Ψ + Ψ + 2 × 3Ψ + 2 × 3Ψ = 17Ψ ;
D : 2 × 2Ψ + 3Ψ + 2 × 3Ψ + 2 × 3Ψ = 19Ψ.

e. Réponse : 0. Si £ + @ = ♠ + ♥ et £ = ♥ – @, alors en remplaçant £ par ♥ – @ dans la 1re condition, vous obtenez : ♥ – @ + @ = ♠ + ♥, soit ♥ = ♠ + ♥, donc ♠ = 0.

f. Réponse : 1. Si £ + ☼ = ♥ ; ♥ + £ = ♪ et £ + £ + ☼ = 1, alors en remplaçant £ + ☼ par ♥ dans la 3e condition, vous obtenez : £ + ♥ = 1, or la 2e condition donne £ + ♥ = ♪, donc ♪ = 1.

g. Réponse : 2. Si ♫ + £ = 5 et £ = ♫ + 1, alors en remplaçant £ par ♫ + 1 dans la 1re condition, vous obtenez : ♫ + ♫ + 1 = 5, soit 2♫ = 4, donc ♫ = 2.

h. Réponse : 3. Si £ + @ = 2 ; £ + ♥ = 2 et @ + ♥ = 6, alors en comparant les deux premières conditions, vous obtenez : @ = ♥, soit en remplaçant ♥ par @ dans la 3e condition, vous obtenez : 2@ = 6, donc @ = 3.

i. Réponse : 2. Si ☼ + ☼ + £ = 4 ; £ + ♥ = 6 et ♥ = ☼ + 4, alors en remplaçant ♥ par ☼ + 4 dans la 2e condition, vous obtenez : £ + ☼ + 4 = 6, soit £ + ☼ = 2, puis en remplaçant £ + ☼ par 2 dans la 1re condition, vous obtenez : ☼ + 2 = 4, donc ☼ = 2.

j. Réponse : 1. Si ♣ + £ + ♥ = 4 – ♪ ; ♣ – ♥ = ♪ – £ et ♣ = £, alors en remplaçant ♣ par £ dans les deux premières conditions, vous obtenez : 2£ + ♥ = 4 – ♪ et £ – ♥ = ♪ – £. Finalement, vous avez : 2£ = 4 – (♪ + ♥) et 2£ = ♪ + ♥, soit 2£ = 4 – 2£, ainsi 4£ = 4, donc £ = 1.

k. Réponse : 1. Si ♪ = 5 ; 20£ = 2@ et @ = ♪ + ♪, alors en remplaçant @ par 2♪ dans la 2ᵉ condition, vous obtenez : 20£ = 4♪ et en remplaçant ♪ par 5, on a 20£ = 4 × 5 = 20, donc £ = 1.

l. Réponse : 5. Si ♪ + £ = ♫ ; ♫ + ♥ = ♠ et ♪ + £ + ♥ = 5, alors en remplaçant ♪ + £ par ♫ dans la 3ᵉ condition, vous obtenez : ♫ + ♥ = 5. Or, ♫ + ♥ = ♠, donc ♠ = 5.

m. Réponse : 0. Si £ + ☼ = ♠ + ♥ et ☼ – ♠ = ♥, alors en remplaçant ♥ par ☼ – ♠ dans la 1ʳᵉ condition, vous obtenez : £ + ☼ = ♠ + ☼ – ♠, soit £ + ☼ = ☼, donc £ = 0.

n. Réponse : 4. Si ♥ + @ + @ = ♠ ; ♠ – £ = @ – ♥ et £ – @ = 8, alors la 2ᵉ condition donne ♠ = @ – ♥ + £, donc en remplaçant dans la 1ʳᵉ condition, vous obtenez : ♥ + @ + @ = @ – ♥ + £, soit 2♥ = £ – @, et comme la 3ᵉ condition donne £ – @ = 8, alors 2♥ = 8, donc ♥ = 4.

o. Réponse : D.

- ^ ^ représente un déplacement de quatre rangs dans le sens des aiguilles d'une montre, que vous pouvez noter + 4 ;
- [ ] représente un déplacement d'un rang dans le sens contraire des aiguilles d'une montre, que vous pouvez noter – 1.

p. Réponse : C. Vous composez les deux opérateurs : –2 + 4 = + 2.

q. Réponse : A. Vous composez les trois opérateurs : +3 + 4 – 1 = + 6.

r. Réponse : D. Vous composez les trois opérateurs : +4 + 3 – 2 = + 5.

Codages

Au IIe millénaire avant J.-C., le codage **Atbash** des Hébreux cryptait chaque lettre en son inverse dans l'alphabet : A en Z, B en Y, etc.

A	B	C	D	E	F	G	H	I	J	K	L	M	N	O	P	Q	R	S	T	U	V	W	X	Y	Z
Z	Y	X	W	V	U	T	S	R	Q	P	O	N	M	L	K	J	I	H	G	F	E	D	C	B	A

Jules César, empereur Romain du Ier siècle avant J.-C., utilisait un codage dans lequel chaque lettre était remplacée par la lettre venant trois places après elle dans l'alphabet : A en D, B en E, …, X en A, Y en B et Z en C.

Astuce 24 : codage lettre-lettre

Une première série de lettres code un mot et on vous demande, selon la même clé de codage (codage **Atbash** ou comme le codage **César**), de décrypter une seconde série de lettres formant un deuxième mot.

Exemple : si X V H Z I = C E S A R, que veut dire O R L M ?

- ✓ Chaque lettre est codée par son inverse dans l'alphabet (Atbash) :

  O correspond à L, R à I, L à O et M à N.
- ✓ **Réponse : LION.**

Exemple : si I L D F N R B = LOGIQUE, que veut dire Z L A X D B ?

- ✓ Chaque lettre est codée par la lettre venant trois places avant elle dans l'alphabet :
- L est codée par I.
- pour trouver la lettre qui est codée par Z, vous augmentez Z de trois rangs : vous obtenez C.
- L correspond à O, A à D, X à A, D à G et B à E.
- ✓ **Réponse : CODAGE.**

Astuce 25 : codage lettre-chiffre

> Une lettre peut être codée par son rang alphabétique, une voyelle par son rang dans l'ordre des voyelles...

Exemple : 12 9 (L I O N) 15 14

3 8 (? ? ? ?) 1 20

✓ Chaque lettre est cryptée par son rang alphabétique : 3 est la position de C, 8 celle de H, 1 celle de A et 20 celle de T.

✓ **Réponse : CHAT.**

Conseil

➧ Rappelez-vous les rangs des lettres repères :

E	J	O	T	Y
5	**10**	**15**	**20**	**25**

Exemple : 2 L 2 P H 1 N T

✓ Chaque voyelle est codée par son rang dans l'ordre des voyelles : la 2e voyelle est E et la 1re voyelle est A.

✓ **Réponse : ÉLÉPHANT.**

Conseil

➧ Rappelez-vous les rangs des voyelles dans l'ordre des voyelles :

A	E	I	O	U	Y
1	**2**	**3**	**4**	**5**	**6**

Astuce 26 : codage mot-nombre

> Dans ce type de codage, un premier mot est associé à une série de chiffres et chaque chiffre code une lettre.
>
> Une nouvelle série de chiffres vous est proposée et vous devez trouver un second mot.

Exemple : si 463152 correspond à FILMER, alors à quoi correspond 45215 ?

✓ Vous avez un indice : chaque lettre est codée par un chiffre :

F en 4, I en 6, L en 3, M en 1, E en 5 et R en 2. **Réponse : FERME.**

Astuce 27 : codage lettre-symbole

> Dans ce type de codage, une lettre est associée à un symbole, ce dernier correspond à un nombre représentant le rang alphabétique de la lettre cherchée.

Exemple : sachant que :

♠ = 18 ♣ = 1 ♥ = ♣ + 4 ♦ = 13 ♦ + ♣ = ♀

♀ – ♥ = ▲ ☺ + ♀ = ♠ ♪ – 2 = ☺ ♦ + ♂ = ♠ + ♥

décodez les mots :

♪ ♥ ♠ ♦ ♥ **et** ♂ ♣ ♠ ☺ ▲ ♀

✓ Vous remplacez chaque nombre par la lettre ayant ce nombre pour rang alphabétique. Vous obtenez :

♠ = 18 = R, ♣ = 1 = A, ♥ = ♣ + 4 = 1 + 4 = 5 = E, ♦ = 13 = M.

✓ Vous déduisez les autres correspondances avec les opérations :

- ♦ + ♣ = ♀, soit 13 + 1 = ♀, donc ♀ = 14 = N ;
- ♀ – ♥ = ▲, soit 14 – 5 = ▲, donc ▲ = 9 = I ;
- ☺ + ♀ = ♠, soit ☺ + 14 = 18, donc ☺ = 4 = D ;
- ♪ – 2 = ☺, soit ♪ – 2 = 4, donc ♪ = 6 = F ;
- ♦ + ♂ = ♠ + ♥, soit 13 + ♂ = 18 + 5 = 23, donc ♂ = 10 = J.

✓ **Réponses : FERME** et **JARDIN.**

Astuce 28 : fréquence d'apparition

> Certaines lettres d'une expression peuvent être cryptées par des symboles. Pour résoudre ce genre de codage avec les fréquences d'apparition, vous devez examiner quel symbole est le plus utilisé : il correspond à la lettre E.
>
> Vous remplacez donc ce symbole par la lettre E.
>
> Ensuite, vous étudiez les mots de deux lettres de l'expression pour déduire, au fur et à mesure, les correspondances symbole/lettre.

Exemple : retrouvez l'expression cachée :

ù&£ùµ£ çµ ç%$αβ£ç γç λçµ£

- ✓ Le symbole le plus utilisé est ç : vous l'associez à E.
- ✓ Le mot ç µ devient « E µ » et vous fait penser à EN, donc vous associez µ à N.
- ✓ Le mot γ ç devient « γ E » et vous fait penser à LE, donc vous associez γ à L.
- ✓ Vous obtenez « ù & £ ù N £ E N E % $ α β £ E L E λ E N £ » : le dernier mot « λ E N £ » vous fait penser à VENT, donc vous associez λ à V et £ à T.
- ✓ **Réponse : AUTANT EN EMPORTE LE VENT.**

Entraînement 1

Dans chaque cas, trouvez le mot cherché :

a. 3 R 2 E 6 A 1 C 5 E 7 U 4 V

b. Si OLTRJFV signifie LOGIQUE, alors que veut dire XLWZTV ?

c.

18	15	(	R	O	S	E	)	19	5
9	18	(	?	?	?	?	)	9	19

d. Avec pour indice « 3 », que signifie Z E B J F K B B ?

e. Si INTELLIGENCE correspond à 358277342562, alors que donne 42532 ?

f. Sachant que :

α = 20 γ = 1 β = 8 µ = γ + 2

β + γ = χ β – σ = γ α – ε = σ – γ σ – ψ = χ – σ

décodez les mots :

A. σ γ χ ε **B.** µ β χ µ γ ε ψ

C. σ γ ε γ µ β ψ **D.** µ β γ α γ χ σ ε ψ

g. P 1 P 9 L L 15 N

h. 8 5 7 2 4 1 V I A G E R 1 5 8 7 2 4 ?

i. Si AFCKGQC signifie CHEMISE, alors que veut dire NYLRYJML ?

j. Si PRINCIPE correspond à 38942931, alors à quoi correspond 39421 ?

k. Sachant que :

2	3	8	2	3	14	4
4	2	6	3	17	4	1
F	E	N	E	T	R	E

Trouvez le sens de :

2	12	4	9	1	9	3
3	4	5	5	6	3	2
?	?	?	?	?	?	?

l. 3 U 2 E 6 N 1 N 5 O 7 E 4 R

m. V 4 3 T 5 R 2

n. Si UVFROOV signifie FEUILLE, alors que veut dire KZKRVI ?

o. Si ESCALIER correspond à 39542837, alors à quoi correspond 5249937 ?

p. 3 6 8 1 5 9   P A U V R E   1 6 3 9 8 5   ?

q. Retrouvez l'expression cachée :
l'EXYFQ KB CXFQ MXP IB JLFKB.

r. Retrouvez l'expression cachée :
β α ψ l p β η r β α ψ l , d ɑ n t p β η r d ɑ n t.

s. Retrouvez l'expression cachée :
¥ £ Ψ £ § ¢ Ħ ĵ' £ Ħ Ψ µ £ ¥' ∃ Φ φ £ ù Ψ.

Correction de l'entraînement

a. Réponse : CERVEAU. Le chiffre donne la position de la lettre dans le mot.

b. Réponse : CODAGE. Chaque lettre est codée par son inverse dans l'alphabet. Codage Atbash.
c. Réponse : IRIS. Chaque lettre est codée par son rang alphabétique.
d. Réponse : CHEMINÉE. Chaque lettre est codée par la lettre venant trois places avant elle dans l'alphabet.
e. Réponse : GENIE. I codée en 3, N en 5, T en 8, E en 2, L en 7, G en 4 et C en 6.
f. Vous savez que : $\boldsymbol{\alpha} = 20 = \mathbf{T}$, $\boldsymbol{\gamma} = 1 = \mathbf{A}$, $\boldsymbol{\beta} = 8 = \mathbf{H}$ et $\boldsymbol{\mu} = \gamma + 2 = 3 = \mathbf{C}$. Vous déduisez :

- $\beta + \gamma = \chi$, donc $8 + 1 = \boldsymbol{\chi} = 9 = \mathbf{I}$;
- $\beta - \sigma = \gamma$, donc $8 - \sigma = 1$, ainsi $\boldsymbol{\sigma} = 7 = \mathbf{G}$;
- $\alpha - \varepsilon = \sigma - \gamma$, donc $20 - \varepsilon = 7 - 1 = 6$, ainsi $\boldsymbol{\varepsilon} = 14 = \mathbf{N}$;
- $\sigma - \psi = \chi - \sigma$, donc $7 - \psi = 9 - 7 = 2$, ainsi $\boldsymbol{\psi} = 5 = \mathbf{E}$.

A. Réponse : GAIN. **B. Réponse : CHICANE.**
C. Réponse : GANACHE. **D. Réponse : CHÂTAIGNE.**

g. Réponse : PAPILLON. Chaque voyelle est codée par son rang alphabétique.
h. Réponse : RIVAGE. Chaque lettre est associée à un chiffre.
i. Réponse : PANTALON. Chaque lettre est codée par la lettre venant deux places avant elle dans l'alphabet.
j. Réponse : PINCE. Chaque lettre est codée par un chiffre : P en 3, R en 8, I en 9, N en 4, C en 2 et E en 1.
k. Réponse : ÉPINGLE. La somme des deux nombres correspond au rang alphabétique de la lettre : 2 + 3 = 5 = E, 12 + 4 = 16 = P, etc.
l. Réponse : NEURONE. Le chiffre donne la position de la lettre dans le mot.
m. Réponse : VOITURE. Chaque voyelle est codée par son rang dans l'ordre des voyelles.
n. Réponse : PAPIER. Codage Atbash.
o. Réponse : CLASSER. E codée en 3, S en 9, C en 5, A en 4, L en 2, I en 8 et R en 7.
p. Réponse : VAPEUR. Chaque lettre est associée à un chiffre.
q. Réponse : L'HABIT NE FAIT PAS LE MOINE. Chaque lettre est codée par la lettre venant trois places avant elle dans l'alphabet.
r. Réponse : œil pour œil, dent pour dent.
Les voyelles ont été codées : e en α, i en ψ, o en β et u en η.
s. Réponse : LE TEMPS C'EST DE L'ARGENT. Le symbole le plus utilisé est £ : vous l'associez à E. Le mot ¥ £ devient « ¥ E » et vous fait penser à LE, donc vous associez ¥ à L. Le mot µ £ devient « µ E » et vous fait penser à DE, donc vous associez µ à D.
Vous obtenez « L E Ψ E § ¢ Ħ ĵ' E Ħ Ψ D E L' π Φ φ E ù Ψ » : le mot « E Ħ Ψ » vous fait penser à EST, donc vous associez Ħ à S et Ψ à T.

Intrus

Parmi plusieurs objets, vous devez trouver celui qui n'a pas les mêmes caractéristiques que les autres.
Dans une liste d'éléments ayant une caractéristique commune, l'intrus est celui qui ne possède pas cette particularité.

Astuce 29 : intrus de lettres ou de nombres

> Comme dans les séries alphanumériques, vous pouvez rencontrer des séries allographes ou des séries dans lesquelles vous devez observer les propriétés des nombres ou des lettres : nombres de barres des lettres...

Exemple : trouvez l'intrus :

D H K L O F

- ✓ Ici, il s'agit d'une série allographe : D peut se prononcer : « dé », H : « hache », K : « cas », L : « aile », O : « eau » alors que F ne veut rien dire.
- ✓ **Réponse : F.**

Exemple : trouvez l'intrus :

Z H N L A F

- ✓ Ici, il s'agit de compter le nombre de barres de chaque lettre : Z, H, N, A et F en comptent 3 alors que L en compte seulement 2.
- ✓ **Réponse : L.**

Exemple : trouvez l'intrus :

818 221 422 919 623 752 842 933

- ✓ Ici, le chiffre des centaines vaut le produit du chiffre des dizaines par celui des unités, sauf pour 752.
- ✓ **Réponse : 752.**

Astuce 30 : intrus graphiques

> Vous pouvez rencontrer des intrus graphiques, dans lesquels tous les objets, sauf l'intrus, possèdent un axe de symétrie, un centre de symétrie, le même nombre de barres, des motifs de forme et/ou de couleur identique…

Exemple : trouvez l'intrus :

A E F M T V

✓ Les lettres A, E, M, T et V ont un axe de symétrie alors que la lettre F n'en a pas. **Réponse : F.**

Exemple : trouvez l'intrus :

H O Z V X S

✓ Les lettres H, O, Z, X et S ont un centre de symétrie alors que la lettre V n'en a pas. **Réponse : V.**

Entraînement 1

Dans chaque cas, trouvez l'intrus :

a.	M	E	A	W				
b.	V	LI	XX	XIX	MM	MXM		
c.	H	O	M	I	X	S	N	
d.	H	O	C	E	D	A	I	
e.	NE	BB	AC	NS	FU	IR		
f.	COCHE	BEC	CACHE	BICHE	DIODE			
g.	FAN	MIE	ZEN	MAL				
h.	4 131	21 231	2 612	223	141 311	6 121		
i.	616	224	800	428	326	113	717	500
j.	862	615	954	923	633	734	835	963

k.

A. B. C. D. E. F. G.

l.

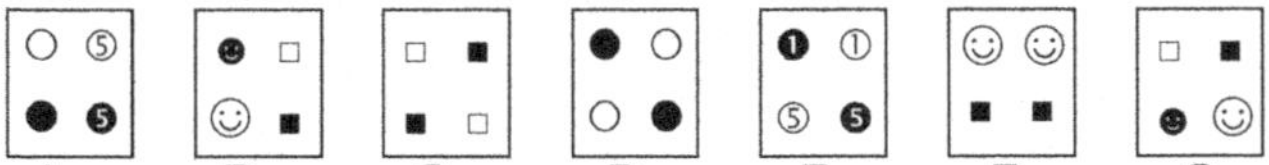

A. B. C. D. E. F. G.

Astuce 31 : intrus verbaux et de culture générale

Vous pouvez rencontrer des intrus :
* verbaux, dans lesquels tous les mots, sauf l'intrus, possèdent la même particularité de la langue française.
* de culture générale, dans lesquels tous les objets, sauf l'intrus, désignent une même catégorie : insectes, légumes, continents, capitales européennes, etc.

Exemple : trouvez l'intrus :

A. baobab **B.** clic
C. débrouillard **D.** noix

✓ Ici, vous avez trois mots dont la première lettre et la dernière sont identiques : « baobab », « clic », « débrouillard », alors que pour « noix », n et x sont différents. **Réponse : D.**

Exemple : trouvez l'intrus :

A. délice **B.** amour
C. éloge **D.** orgue

✓ Ici, vous avez trois noms masculins au singulier et féminins au pluriel : « délice », « amour » et « orgue », alors que « éloge » est le seul nom qui reste masculin à la forme plurielle. **Réponse : C.**

Exemple : trouvez l'intrus :

A. RATP **B.** RADAR
C. UNESCO **D.** SMIC

✓ Ici, vous avez trois acronymes, c'est-à-dire des sigles qui se prononcent comme des mots : « RADAR », « UNESCO » et « SMIC », alors que « RATP » n'en est pas un. **Réponse : A.**

Exemple : trouvez l'intrus :

A. libellule **B.** abeille
C. tique **D.** guêpe

✓ Ici, vous avez trois termes désignant des insectes : « libellule », « abeille », « guêpe », alors que « tique » est un acarien.

✓ **Réponse : C.**

Entraînement 2

Dans chaque cas, trouvez l'intrus :

m.	dauphin	requin	narval	cachalot	
n.	ceriser	fraisier	pêcher	poirier	
o.	bétail	corail	émail	ail	
p.	Madrid	Athènes	Lisbonne	Paris	Milan
q.	alpaga	lin	mohair	soie	
r.	cordial	corde	cordon	cordage	
s.	demain	nuit	guerre	midi	
t.	corpus	virus	campus	intrus	
u.	sport	troc	blanc	table	
v.	futur	subjonctif	imparfait	présent	
w.	Portugal	Espagne	Italie	Belgique	
x.	Afrique	Arctique	Asie	Antarctique	
y.	partir	finir	courir	lire	offrir
z.	Newton	Einstein	Galilée	Pasteur	

Correction des entraînements

a. Réponse : A. Seule la lettre A ne possède pas 4 barres dans son écriture.
b. Réponse : LI. Seul nombre en chiffres romains à ne pas avoir d'axe de symétrie vertical.
c. Réponse : M. Seule la lettre M ne possède pas de centre de symétrie.
d. Réponse : A. Seule la lettre A ne possède pas un axe de symétrie horizontal.
e. Réponse : FU. Seul FU ne veut rien dire. NE : « haineux », BB : « bébé », AC : « assez », NS : « aînesse » et IR : « hier ».
f. Réponse : CACHE. Seul CACHE ne possède pas un axe de symétrie horizontal.
g. Réponse : ZEN. Seul ZEN ne possède pas 9 barres dans son écriture, mais 10.
h. Réponse : 2 612. Seul nombre pour lequel le produit des chiffres ne donne pas 12.

i. Réponse : 113. Seul nombre pour lequel le chiffre des unités n'est pas le produit du chiffre des dizaines par celui des centaines.
j. Réponse : 923. Seul nombre pour lequel le chiffre des centaines n'est pas la somme du chiffre des dizaines et de celui des unités.
k. Réponse : D. Seule la figure D possède deux formes ⁂ identiques.
l. Réponse : F. Pour les six autres figures, quand deux formes identiques sont l'une en-dessous de l'autre, elles sont de couleurs différentes et quand elles sont côte à côte, elles sont de la même couleur.
m. Réponse : requin. C'est le seul animal qui n'est pas un mammifère.
n. Réponse : fraisier. C'est le seul végétal fruitier qui n'est pas un arbre.
o. Réponse : bétail. C'est le seul mot n'ayant pas de pluriel.
p. Réponse : Milan. C'est la seule ville d'Europe qui n'est pas une capitale.
q. Réponse : lin. C'est la seule fibre qui n'est pas issue d'un animal.
r. Réponse : cordial. C'est le seul mot qui dérive de cor : « cœur » en latin.
s. Réponse : nuit. Seul terme qui, avec « après », ne forme pas un autre mot.
t. Réponse : intrus. C'est le seul mot qui se termine par un « s » muet.
u. Réponse : table. Seul terme qui, si vous enlevez la 2e lettre, ne forme pas un autre mot.
v. Réponse : subjonctif. Seul terme qui ne désigne pas un temps, mais un mode.
w. Réponse : Portugal. Seul pays qui n'est pas frontalier de la France.
x. Réponse : Arctique. Seul terme qui ne désigne pas un continent, mais une région.
y. Réponse : finir. Seul verbe qui n'est pas du 3e groupe.

Le saviez-vous ?

- Les verbes du **1er groupe** ont leur infinitif en **er** (sauf aller).
- Ceux du **2e groupe** ont leur infinitif en **ir** et leur participe présent en **issant** : comme finir.
- Les autres sont du **3e groupe** : comme partir, courir, lire, offrir, voir, rendre, coudre et vivre.

z. Réponse : Pasteur. Seule personnalité qui n'est pas un mathématicien et physicien, mais un biologiste.

Analogies

Une analogie est un rapport de ressemblance qui existe entre des objets. Ces questions se présentent sous la forme de couples de termes qu'il faut réunir à d'autres couples proposés qui possèdent le même rapport.

Astuce 32 : analogies de lettres, de nombres et de mots

Vous utilisez les mêmes logiques que les intrus et les séries alphanumériques.

Exemple : complétez l'analogie :

B L est à **J** et **D Y** est à **U** ce que **C N** est à **?**

☐ F ☐ G ☐ K ☐ P

✓ Le rang alphabétique de la lettre de droite est la différence des rangs des deux lettres de gauche :

- N a pour rang alphabétique 14 ;
- C a pour rang alphabétique 3 ;
- vous calculez : 14 – 3 = 11 ;
- la 11e lettre de l'alphabet est : K.

✓ **Réponse : K.**

Exemple : complétez l'analogie :

543 est à **321** et **897** est à **675** ce que **687** est à **?**

☐ 230 ☐ 465 ☐ 735 ☐ 317

✓ À chacun des trois chiffres du nombre, vous retranchez 2 :

- 6 – 2 = 4 ;
- 8 – 2 = 6 ;
- 7 – 2 = 5.

✓ **Réponse : 465.**

Exemple : complétez l'analogie :

MAISON est à **891236** ce que **SOIN** est à **?**

✓ Ici, il s'agit d'un codage : M codée en 8, A en 9, I en 1, S en 2, O en 3 et N en 6.

✓ SOIN est donc codé par 2316.

✓ **Réponse : 2316.**

Astuce 33 : analogies de damiers

> Certaines analogies fonctionnent comme les séries spatiales de damiers : chaque carré contient des formes, chacune se déplaçant selon une règle à déchiffrer.
>
> Il faut savoir que sur une même case, une forme peut en cacher d'autres :
>
> ✱ la plus spacieuse reste représentée et à taille égale, c'est la plus sombre qui reste visible ;
>
> ✱ une forme peut sortir d'un côté du damier : dans ce cas, elle rentre de l'autre côté du damier.

Exemple :

✓ Voici les différents mouvements des cases noires de la 1re figure à la 2e figure :

- sur la première colonne, la case noire reste à la même place ;
- sur la deuxième colonne, la case noire se déplace d'une case vers le haut ;
- sur la troisième colonne, la case noire se déplace d'une case vers le bas.

✓ Vous adaptez cette même logique à la troisième figure pour obtenir la quatrième. **Réponse : B.**

Entraînement 1

Dans chaque cas, complétez l'analogie :

a. ◖ ⬋ ✎ ✱ est à ✱ ✎ ⬊ ◗ ce que ☜ 🡐 ✪ ⬂ est à ?

A. ➩ 🡒 ✪ ❄ **B.** ⬃ ✪ 🡒 ➩ **C.** ➩ 🡒 ✪ ❄ **D.** ❄ ✪ 🡐 ☜

b. ROC est à TQE ce que NFR est à ?

A. IFZ **B.** LDP **C.** PHT **D.** KLA

c. EHA est à 581 ce que CFG est à ?

A. 476 **B.** 692 **C.** 891 **D.** 367

d. 54896 est à SUPER ce que 8946 est à ?

A. PEUR **B.** PUR **C.** SURE **D.** REPU

e. CLAIRE est à 365 ce que DAVID est à ?

A. 454 **B.** 364 **C.** 458 **D.** 835

f. loup est à 16 ce que âne est à ?

A. 11 **B.** 7 **C.** 36 **D.** 9

g. HEV est à RIT ce que MRG est à ?

A. BON **B.** RIG **C.** JOK **D.** EFD

h. 58,43 est à 6 et 91,32 est à 5 ce que 38,45 est à ?

A. 8 **B.** 7 **C.** 3 **D.** 2

i. 16 / 14 est à PINGOUIN ce que 3 / 5 est à ?

A. CROTAL **B.** SINGE **C.** CANARD **D.** CHOUETTE

j.

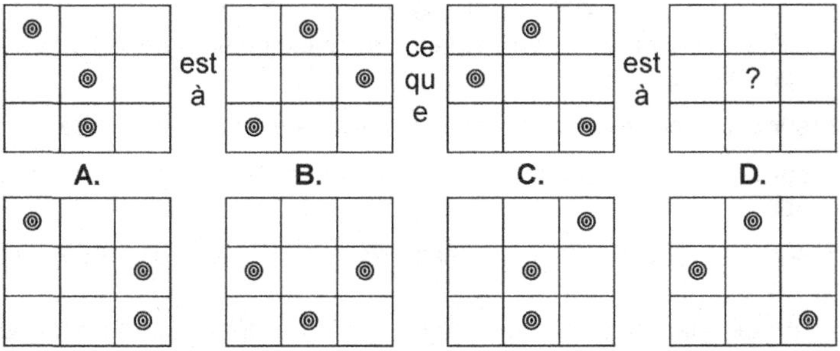

Astuce 34 : analogies verbales (un terme)

Vous devez trouver le dernier mot, remplacé par des pointillés, permettant de rétablir une relation logique à l'intérieur de chaque phrase en conservant l'analogie de sens (à un contraire correspond un autre contraire...) et l'analogie grammaticale (à un verbe correspond un autre verbe...).Vous identifiez le rapport existant entre les deux termes du premier couple, puis vous reportez ce même rapport dans le deuxième couple et vous choisissez la proposition qui correspond.

Rapport	Premier couple				Second couple		
mot / synonyme	généreux	est à	prodigue	ce que	téméraire	est à	courageux
mot / antonyme	franc		menteur		blanc		noir
partie / tout	page		livre		mot		phrase
contenu / contenant	étui		lunettes		boîte		gants
objet / couleur	treillis		kaki		blouse		blanche
fruit / arbre	cerise		cerisier		gland		chêne
animal / crier	chien		aboyer		poule		glousser
région / pays	Alsace		France		Algarve		Portugal
auteur / œuvre	Corneille		Le Cid		Molière		Tartuffe
cause / conséquence	pluie		mouille		feu		brûle
objet / matière	table		bois		carreau		verre
outil / métier	pétrin		boulanger		tour		potier

Exemple : complétez l'analogie :

treillis est à **militaire** ce que **robe** est à **?**

A. cheval **B.** avocat **C.** femme **D.**vin

✓ Le rapport unissant « treillis » et « militaire » est un lien vêtement / profession.

✓ Vous reportez ce rapport au deuxième couple pour unir « robe » et « avocat ». **Réponse : B.**

Astuce 35 : analogies verbales (deux termes)

> Vous devez trouver soit le troisième mot et le quatrième, soit le deuxième mot et le troisième permettant de rétablir une relation logique à l'intérieur de chaque phrase en conservant l'analogie de sens et l'analogie grammaticale.
> La démarche est la même que précédemment.

Exemple : complétez l'analogie :

rouge est à **sang** ce que ... est à **?**

A.	blanc / hôpital	**B.**	blanc / linge
C.	pompiers / samu	**D.**	pomme / vert

✓ Les termes 1 et 2 sont donnés : le terme 1 « rouge » correspond au terme 3 et le terme 2 « sang » correspond au terme 4.

rouge	est à	**sang**	ce que	...	est à	**?**
terme 1		terme 2		terme 3		terme 4

✓ Le rapport unissant le terme 1 « rouge » et le terme 2 « sang » est un lien de couleur : « rouge est la couleur du sang ».

✓ Vous reportez ce rapport aux propositions : les choix B et D sont unis par un lien de couleur : « blanc est la couleur du linge » et « pomme a pour couleur le vert ».

✓ Le choix D est un piège qui donne : terme 1 est à terme 2 ce que terme 4 est à terme 3. **Réponse : B.**

Entraînement 2

Dans chaque cas, complétez l'analogie :

k. jument est à cheval ce que oie est à ......

A. voler **B.** foie **C.** jars **D.** blanche

l. chêne est à gland ce que hêtre est à ......

A. fruit **B.** arbre **C.** feuille **D.** faine

m. minutes est à soixante ce que heures est à ......

A. secondes **B.** minuit **C.** vingt-quatre **D.** soixante

n. cinéma est à acteur ce que ...... est à ......

A.	salle / comédie	**B.**	opéra / chanteur
C.	comédien / festival	**D.**	art / film

o.	persan	est à	......	ce que	......	est à	chien

A. pelage / puce **B.** vacciné / tatoué
C. chat / boxer **D.** race / mammifère

p.	vespéral	est à	......	ce que	......	est à	nord

A. adjectif / pôle **B.** vêpres / sud
C. matin / nordiste **D.** soir / boréal

q.	élève	est à	......	ce que	......	est à	médecin

A. professeur / patient **B.** école / cabinet
C. stylo / médicament **D.** enfant / hôpital

r.	molécule	est à	......	ce que	......	est à	photons

A. électron / arc-en-ciel **B.** atomes / lumière
C. mole / photographie **D.** chimie / phobie

s.	tableau	est à	......	ce que	......	est à	navet

A. peintre / violet **B.** art / légume
C. croûte / film **D.** artiste / carotte

Correction des entraînements

a. Réponse : B. Par symétrie.
b. Réponse : C. Vous augmentez chaque lettre de deux rangs.
c. Réponse : D. Le chiffre représente le rang alphabétique de la lettre.
d. Réponse : A. Codage : S en 5, U en 4, P en 8, E en 9 et R en 6.
e. Réponse : A. Le nombre représente : le rang de l'initiale - le nombre de lettres - le rang de la dernière lettre.
f. Réponse : D. Le nombre représente le carré du nombre de lettres.
g. Réponse : B. Vous formez : HEV : « achever », RIT : « hériter », MRG : « émerger » et RIG : « ériger ».
h. Réponse : D. $5 + 8 - (4 + 3) = 6$, $9 + 1 - (3 + 2) = 5$ et $3 + 8 - (4 + 5) = 2$.
i. Réponse : D. Le premier nombre représente le rang alphabétique de l'initiale et le deuxième celui de la dernière lettre.
j. Réponse : C. Sur la 1re ligne et sur la 2e ligne, le ◎ se déplace d'une case vers la droite et sur la 3e ligne, d'une case vers la gauche.
k. Réponse : C. Rapport femelle / mâle.
l. Réponse : D. Rapport arbre / fruit.
m. Réponse : C. 60minutes valent 1 heure et 24heures valent 1jour.
n. Réponse : B. Rapport œuvre / métier.
o. Réponse : C. Rapport race / animal.
p. Réponse : D. Rapport adjectif / nom commun.
q. Réponse : A. Rapport personne / personne apportant (la connaissance ou la santé).
r. Réponse : B. Rapport tout / partie.
s. Réponse : C. Rapport langage familier / langage courant.

Dominos

Chaque domino possède deux parties, comportant chacune un nombre de points (le blanc correspondant au zéro « 0 »).

Il y a 28 dominos différents, du double blanc au double six.

Il y a sept valeurs possibles : 0, 1, 2, 3, 4, 5 et 6.

Astuce 36 : série de dominos

Une série de dominos vous est proposée et vous devez trouver les deux valeurs du domino manquant (domino marqué d'un ?).

La disposition des dominos varie d'une question à l'autre : à l'horizontale, à la verticale, en croix, en spirale, etc.

La valeur qui suit le 6 est le 0 :

0, 1, 2, 3, 4, 5, 6, 0, 1, 2, 3, 4, 5, 6, 0, 1, 2, 3, 4, 5, 6...

Exemple : trouvez le domino manquant :

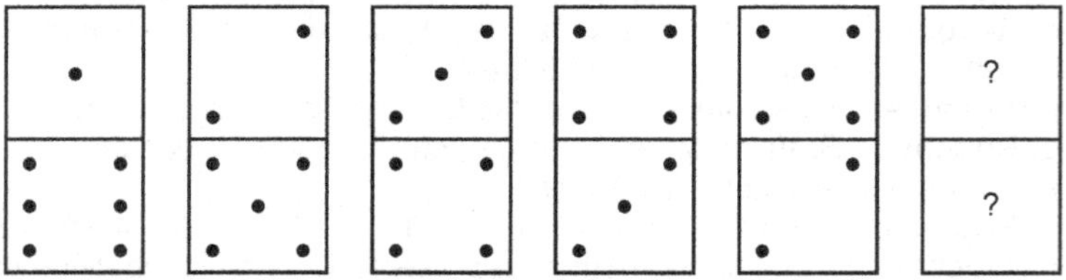

✓ Vous avez une première série en ligne pour les parties supérieures des dominos, où vous augmentez d'un point : 1, 2, 3, 4, 5 et 6.

✓ Pour les parties inférieures, vous avez une seconde série où vous diminuez d'un point : 6, 5, 4, 3, 2 et 1.

✓ **Réponse : 6/1.**

Astuce 37 : opérations avec les dominos

Les dominos possédant des valeurs numériques, vous pouvez réaliser des opérations avec les points : somme, différence, produit, moitié, double...

Exemple : trouvez le domino manquant :

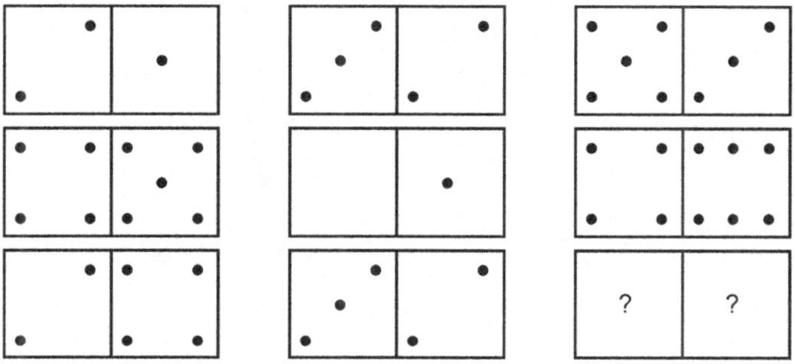

✓ La case de gauche du troisième domino est la somme des points des cases de gauche des deux premiers dominos : vous obtenez : 2 + 3 = 5.

✓ Idem pour la case de droite du troisième domino : vous obtenez : 4 + 2 = 6. **Réponse : 5/6.**

Astuce 38 : disposition spatiale des dominos

> Les dominos peuvent être présentés selon une logique spatiale : la forme globale permet de repérer un agencement particulier : une symétrie, une rotation…

Exemple : trouvez le domino manquant :

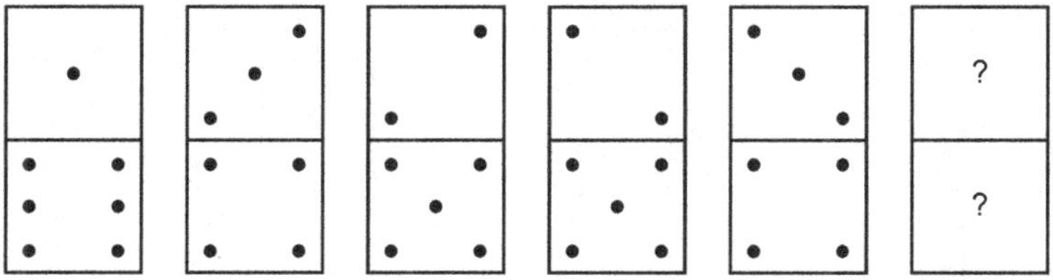

✓ Il y a un axe de symétrie : les trois premiers dominos sont répétés en miroir de l'autre côté.

✓ **Réponse : 1/6.**

Entraînement 1

Complétez les séries de dominos suivantes.

a.

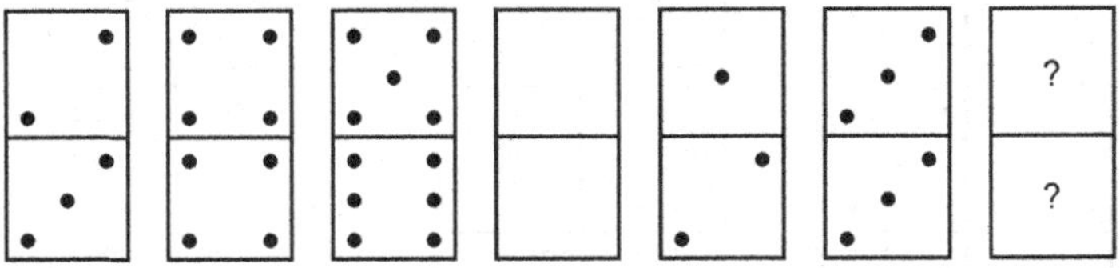

b.

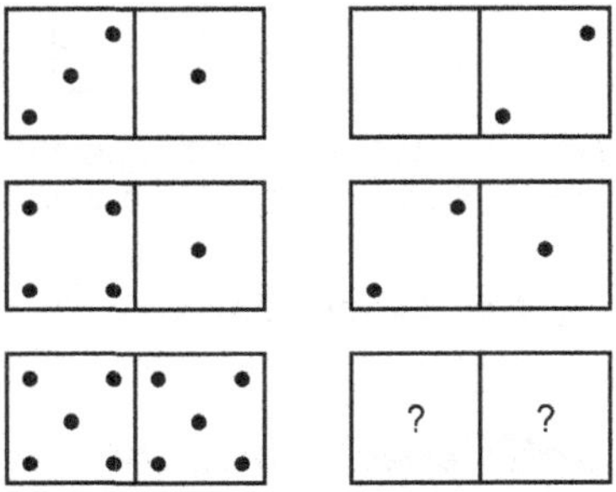

c.

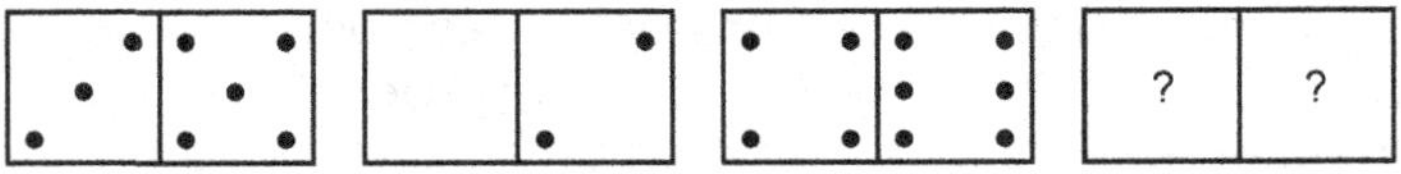

d.

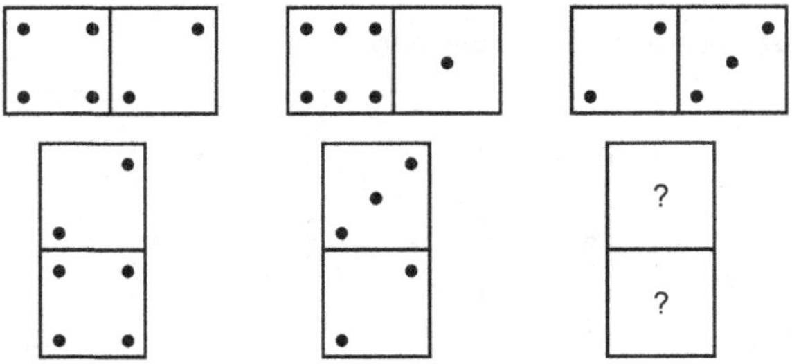

e.

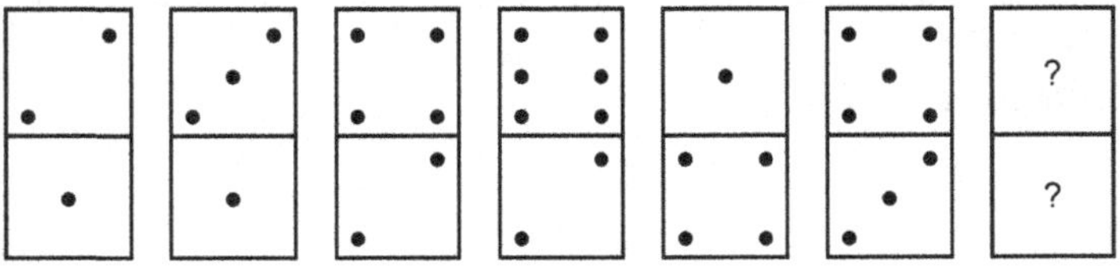

f.
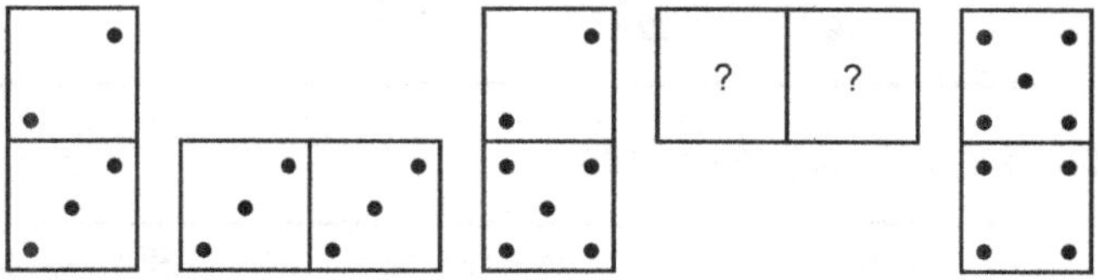

g.
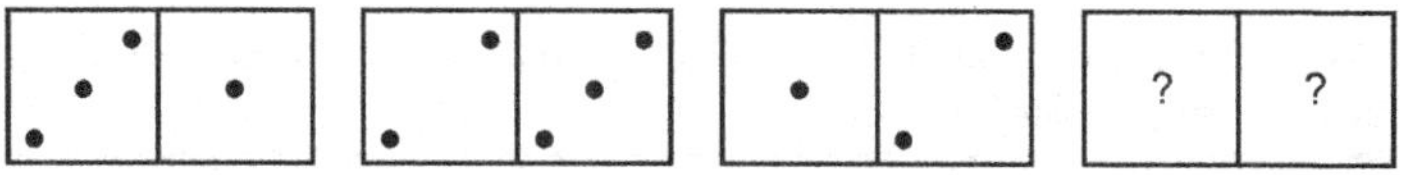

h.
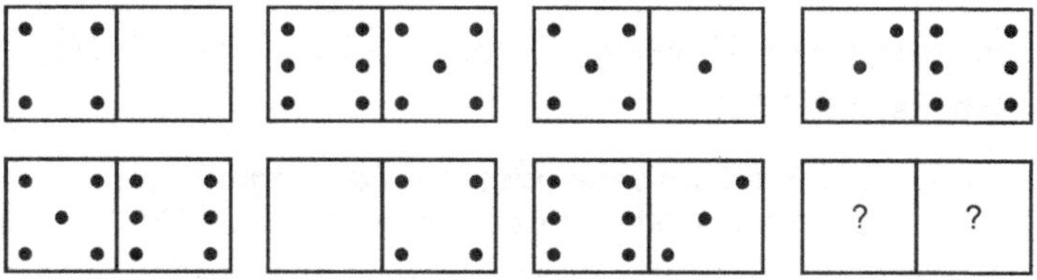

Correction de l'entraînement

a. Réponse : 4/5. Pour les parties supérieures, l'opération suit une progression : + 2, + 1 et pour les parties inférieures, l'opération suit une progression : + 1, + 2.
b. Réponse : 0/0. Sur chaque ligne, la partie de gauche du 1er domino est la somme des trois parties qui la suivent :
3 = 1 + 0 + 2, 4 = 1 + 2 + 1 et 5 = 5 + 0 + 0.
c. Réponse : 1/3. D'une partie à sa suivante, vous augmentez de deux points.
d. Réponse : 1/6. La partie supérieure du domino de la 2e ligne est la moitié de la partie de gauche du domino de la 1re ligne. La partie inférieure du domino de la 2e ligne est le double de la partie de droite du domino de la 1re ligne.
e. Réponse : 1/2. La somme des valeurs d'un domino est la partie supérieure du domino suivant : 5 + 3 = 8, donc 1 point. La différence des valeurs d'un domino est la partie inférieure du domino suivant : 5 – 3 = 2.
f. Réponse : 4/4. Il y a progression des sommes des points des deux parties de chaque domino : 2 + 3 = 5, 3 + 3 = 6, 2 + 5 = 7, ? + ? = 8 et 5 + 4 = 9. De plus, une fois sur deux, il y a un « double », donc ? = 4.
g. Réponse : 3/1. Les valeurs 3, 1, 2 se répètent toujours dans cet ordre.
h. Réponse : 1/5. Par groupe de quatre dominos, il existe une symétrie centrale.

Anagrammes

Astuce 39 : anagrammes

> Une anagramme est un mot obtenu par transposition des lettres d'un autre mot.
> Les mots ne possèdent que des lettres majuscules sans accent, ni cédille.

Exemple : quelle est l'anagramme du mot SÉNAT ?

✓ En transposant les lettres S, E, N, A et T, vous obtenez SANTÉ.

✓ **Réponse : SANTÉ.**

Exemple : combien pouvez-vous former d'anagrammes complètes différentes avec les lettres : MREA ?

✓ Vous pouvez former : MARE, RAME, ARME et AMER.

✓ **Réponse : 4.**

Entraînement 1

Pour chacun des mots ci-dessous, trouvez une anagramme.

a. SUJET
b. DECOR
c. PIRATE
d. COURSE
e. MEPRIS
f. CADRAN
g. OBTENIR
h. PATELIN
i. PASSOIRE
j. ASPIRINE
k. ALIMENTER
l. ONIRIQUE

Astuce 40 : anacycliques

Un anacyclique est un mot ou une expression que l'on peut lire de gauche à droite et de droite à gauche.
Exemples : bac / cab ; cal / lac ; cas / sac ; ces / sec ; cor / cor ; mon / nom ; nez / zen ; nos / son ; pot / top ; bons / snob ; émir / rime ; Léon / Noël ; port / trop ; asile / Elisa ; écart / tracé ; essor / rosse ; repas / saper ; amuser / résuma ; casser / ressac ; élever / révélé ; recaler / relacer ; regagner / rengager.

Astuce 41 : palindromes

Un palindrome est un mot ou une expression que l'on peut lire de gauche à droite et de droite à gauche, tel que la signification soit la même quel que soit le sens de la lecture.
Exemples : été ; gag ; ici ; non ; kayak ; rotor ; sagas ; Laval ; ressasser ; à Laval elle l'avala ; c'est sec ; élu par cette crapule ; mon nom ; la mariée ira mal ; la mère gère mal ; rions noir ; 20 02 2002 ; 15 h 51 ; $2^4 = 4^2$; 1 234 + 8 765 = 9 999 = 5 678 + 4 321

Entraînement 2

Complétez les palindromes :

m. ainsi Anaïs - - -

n. bon sport, - - - - - - - -

o. salut tu -' - -

p. Karine alla - - - - - -

q. - - - - - - - biscornu

r. engage le jeu que - - - - - - - - -

s. réussir à Paris : - - - -

Astuce 42 : pangramme, lipogramme et lipopangramme

✳ Un pangramme est une phrase comportant toutes les lettres de l'alphabet.

✳ Un lipogramme est une phrase n'utilisant pas une lettre particulière de l'alphabet.

✳ Un lipopangramme combine pangramme et lipogramme en utilisant toutes les lettres de l'alphabet sauf une.

Exemples : « Près du juke-box, le zouave buvait un quart de whisky en fumant un cigare » est un pangramme comportant toutes les lettres de l'alphabet.

« Sirtaki, fox-trot, slow, tango, country, lambada : dansons aujourd'hui » est un lipogramme n'utilisant pas la lettre « e ».

« Portons dix bons whiskys à l'avocat goujat qui fumait au zoo » est un lipopangramme utilisant toutes les lettres de l'alphabet sauf une, ici la lettre « e ».

Astuce 43 : anagrammes, anacycliques, palindromes, pangrammes et intrus

Les anagrammes, anacycliques, palindromes et pangrammes peuvent se retrouver dans des questions vous demandant de trouver l'intrus.

Exemple : trouvez l'intrus :

A. VECAREU **B.** GUOT **C.** EVU **D.** RODATO

✓ Ici, vous avez trois mots désignant des sens : GOUT, VUE et ODORAT, alors que CERVEAU désigne un organe.

✓ **Réponse : A.**

Exemple : trouvez l'intrus :

A. ANNA **B.** OTTO **C.** NATAN **D.** UGO

✓ Ici, vous avez trois prénoms palindromes : ANNA, OTTO et NATAN, alors que UGO n'est pas un prénom palindrome **Réponse : D.**

Entraînement 3

Dans chaque cas, trouvez l'intrus :

t.	**A.** ILAUOLC	**B.** BUHIO	**C.** LUCO	**D.** GOUNE
u.	**A.** TECORAT	**B.** METATO	**C.** SIDAR	**D.** EPOURIA
v.	**A.** NUPE	**B.** EULI	**C.** EUME	**D.** HERUBE
w.	**A.** VENRIOQEU	**B.** ERICNASS	**C.** EROS	**D.** EPTILU
x.	**A.** écaler	**B.** léger	**C.** égala	**D.** rebut

y.
- **A.** Éric notre valet alla te laver ton ciré.
- **B.** Léon a rasé César à Noël.
- **C.** L'épouvantail lave le soupirail.
- **D.** Ésope reste ici et se repose.

z.
- **A.** à l'étape
- **B.** lieu cerné
- **C.** toi disert
- **D.** vivre pour manger

Astuce 44 : anaphrases

Les anaphrases sont des variantes des anagrammes, dans lesquelles, avec un tirage de lettres donné, vous devez former plusieurs mots et les placer dans une phrase.

Exemple : complétez l'anaphrase avec le tirage de lettres suivant : E I U D P S T.

Cette _ _ _ _ _ _ _ _ était _ _ _ _ _ _ _ _ .

✓ Avec les lettres E I U D P S T, vous formez les mots **STUPIDE** et **DISPUTE**.

✓ **Réponse :** Cette **DISPUTE** était **STUPIDE.**

Entraînement 4

Complétez les anaphrases :

A. Il a eu l' _ _ _ _ _ _ de me faire cet étrange _ _ _ _ _ _.
Tirage de lettres : **A A E U C D.**

B. Le chanteur Haïtien et sa _ _ _ _ _ _ _ _ traversent le fleuve en _ _ _ _ _ _ _ _.
Tirage de lettres : **E I O U G P R.**

C. Depuis la tempête, un _ _ _ _ _ _ _ _ _ _ la route.
Tirage de lettres : **A E B R R.**

D. La _ _ _ _ _ _ _ _ _ inventa le concept de péché _ _ _ _ _ _ _ _ _.
Tirage de lettres : **E I I O G L N R.**

Correction des entraînements

a. Réponse : JUSTE.

b. Réponse : CORDE.

c. Réponse : PARTIE.

d. Réponse : SOURCE.

e. Réponse : PERMIS.

f. Réponse : CANARD.

g. Réponse : ROBINET.

h. Réponse : PLAINTE.

i. Réponse : PAROISSE.

j. Réponse : PARISIEN.

k. Réponse : TERMINALE.

l. Réponse : IRONIQUE.

m. Réponse : ainsi Anaïs nia.

n. Réponse : bon sport, trop snob.

o. Réponse : salut tu l'as.

p. Réponse : Karine alla en Irak.

q. Réponse : un roc si biscornu.

r. Réponse : engage le jeu que je le gagne.

s. Réponse : réussir à Paris : suer.

t. Réponse : C. Seul nom commun dont le pluriel ne se termine pas en « OUX » : CAILLOU, HIBOU, CLOU et GENOU.

u. Réponse : B. Seul végétal à ne pas être un légume : CAROTTE, TOMATE, RADIS et POIREAU.

v. Réponse : D. Seul adjectif dont le pluriel ne se termine pas en « EUS » : PNEU, LIEU (le poisson), ÉMEU et HEBREU (au pluriel HEBREUX).

w. Réponse : D. Seul nom de fleur à ne pas être un prénom : VERONIQUE, NARCISSE, ROSE, et TULIPE.

x. Réponse : C. Seul terme à ne pas être anacyclique : écaler / relacé, léger / regel, égala et rebut / tuber.

y. Réponse : C. Seule phrase à ne pas être un palindrome.

z. Réponse : D. Seule expression à ne pas être anacyclique : « à l'étape / épate-la », « lieu cerné / en recueil », « toi disert / très idiot » et « vivre pour manger. »

Le saviez-vous ?

Des phrases peuvent être **anacycliques,** en obtenant un sens différent lorsque l'ordre des mots est inversé :
« vivre pour manger » et « manger pour vivre ».

A. Réponse : Il a eu l'AUDACE de me faire cet étrange CADEAU.

B. Réponse : Le chanteur Haïtien et sa GROUPIE traversent le fleuve en PIROGUE.

C. Réponse : Depuis la tempête, un ARBRE BARRE la route.

D. Réponse : La RELIGION inventa le concept de péché ORIGINEL.

Vocabulaire

Astuce 45 : synonymes et antonymes

✻ Les synonymes sont des mots, qui peuvent avoir une même signification dans au moins un de leur sens.
✻ Les antonymes sont des mots de signification contraire.

Exemple : identifiez le synonyme du mot « prolixe » :

A. lunatique **B.** bavard **C.** moqueur **D.** profiteur

✓ Le synonyme du mot « prolixe » est « bavard ».

✓ **Réponse : B.**

Exemple : complétez pour trouver l'antonyme :

TRAGIQUE : I _ _ _ L _ _ _ E.

✓ Vous rajoutez des lettres pour trouver **I D Y L L I Q U E.**

✓ **Réponse : IDYLLIQUE.**

Entraînement 1

Dans chaque cas, donnez :

a. le synonyme de « suranné » :

A. endocrine **B.** glande **C.** nouveau **D.** obsolète

b. le synonyme de « idoine » :

A. idiot **B.** adéquat **C.** inaproprié **D.** loufoque

c. le synonyme de « fatuité » :

A. vanité **B.** simplicité **C.** détendu **D.** livide

d. l'antonyme de « irréfragable » :

A. insoumis **B.** calme **C.** ingénieux **D.** discutable

Entraînement 2

Dans chaque cas, donnez le synonyme du mot proposé :

e. LUNATIQUE : V_ _ _A_ _ _E

f. SÉPARATION : S _ H _ _ M E.

g. PRINCIPE : A _ _ _ M _.

h. OBSCUR : S _ _ Y _ _ I _.

i. INDIGÈNE : _ U _ _ C _ T _ _ E.

Dans chaque cas, donnez l'antonyme du mot proposé :

j. CROYANT : A _ N _ _ T _ _ _ E.

k. ÉPARGNER : D _ _ _ P _ _ E _.

l. FISSION : _ _ S _ O _.

m. LACONIQUE : _ O _ _ A _ _.

n. ALLERGIE : _ M _ _ _ I _ E.

Astuce 46 : homonymes

Les homonymes sont des mots, qui, bien qu'ils aient une orthographe ou une prononciation semblable, ont des sens différents. On distingue les homophones qui sont identiques phonétiquement et les homographes qui ont la même orthographe.

Exemple : **sceptique (incrédule) et septique (qui provoque une infection) sont deux homophones.**

Exemple : **un mémoire (document écrit) et une mémoire (faculté de mémoriser) sont deux homographes.**

Exemple : **trouvez les deux homonymes donnés par la définition : « sport qui se joue dans une grande baie »**

✓ Le golf est un sport et le golfe représente une grande baie.

✓ **Réponse : golf / golfe.**

Entraînement 3

Dans chaque cas, trouvez le couple d'homonymes donné par la définition.

- **o.** Nombre qui coule dans les veines.
- **p.** Messager brave.
- **q.** Récipient idiot.
- **r.** Nombre illusoire.
- **s.** Unité fondamentale qui enseigne.
- **t.** Grimace de raisin.
- **u.** Note qui coupe du bois.

Astuce 47 : paronymes

Les paronymes sont des mots qui sont proches par la prononciation, mais qui n'ont pas le même sens.

Exemple : **abhorrer (détester) et arborer (porter avec fierté) sont deux paronymes.**

Exemple : **la phrase suivante est-elle correcte : « Dans la noblesse, les enfants étaient éduqués par un percepteur » ?**

✓ La phrase correcte est : « Dans la noblesse, les enfants étaient éduqués par un précepteur ».

✓ **Réponse : faux.**

Entraînement 4

Dans chaque cas, déterminez si la phrase est correctement écrite :

- **v.** « Il est anomal de payer si cher pour une babiole. »
- **w.** « Ce donateur a reçu une donation de ses parents. »
- **x.** « Pour conquérir son épouse, il a acheté un filtre d'amour. »
- **y.** « Le discours de cet homme politique est beaucoup trop long, il est verbal. »
- **z.** « Cet enfant est désagréable avec ses professeurs, il est imprudent. »

Entraînement 5

Dans chaque cas, déterminez le mot qui complète correctement la phrase :

A. vénéneux / venimeux : « Certains champignons sont .... »

B. triomphal / triomphant : « L'accueil fut .... »

C. recouvrer / recouvrir : « Le vieillard a pu ...... la santé. »

D. joue / joug : « Mettre une personne en .... »

E. habileté / habilité : « L'...... de l'illusionniste. »

F. prodige / prodigue : « C'est le retour du fils .... »

G. collision / collusion : « Une ...... est une entente secrète. »

H. inanité / inanition : « On parle de l'...... d'une action. »

I. éthique / éthique : « Un cheval d'une extrême maigreur est dit .... »

J. capiteux / capteux : « Le vin que j'ai goûté hier matin possède un parfum .... »

Astuce 48 : ordre alphabétique

Pour classer par ordre alphabétique, vous comparez les mots, caractère par caractère.

Si la première lettre est identique dans les deux mots, vous comparez la deuxième lettre de chaque mot et ainsi de suite jusqu'à ce qu'il y en ait une différente de l'autre.

Au-delà de la dernière lettre de l'un des deux mots, le mot le plus court est considéré comme venant en premier.

Exemple : classez par ordre alphabétique les mots :
écrit - écrou - écrin.

✓ **Réponse : écrin / écrit / écrou.**

Exemple : quel mot se trouve alphabétiquement entre
épicé / - - - - - - / épicène ?

✓ **Réponse : épicéa.**

Entraînement 6

Dans chaque cas, trouvez le mot qui se trouve alphabétiquement entre le premier et le troisième mot (chaque tiret correspond à une lettre) :

K. larmoyer / - - - - - - / larsen

L. lotte / - - - - - / louable

M. emménager / - - - - - - - / emmental

N. flexible / - - - - - - - / flibustier

O. hampe / - - - - - - - / hanche

P. fastidieux / - - - - - - - - / fastueux

Q. moellon / - - - - - - / mofette

R. dératiser / - - - - - / derechef

Correction des entraînements

a. Réponse : D.
b. Réponse : B.
c. Réponse : A.
d. Réponse : D.
e. Réponse : VERSATILE.
f. Réponse : SCHISME.
g. Réponse : AXIOME.
h. Réponse : SIBYLLIN.
i. Réponse : AUTOCHTONE.
j. Réponse : AGNOSTIQUE.
k. Réponse : DILAPIDER.
l. Réponse : FUSION.
m. Réponse : LOQUACE.
n. Réponse : IMMUNITÉ.

o. Réponse : cent (nombre) / sang.

p. Réponse : héraut (messager) / héros (personne brave).

q. Réponse : seau (récipient) / sot (idiot).

r. Réponse : vingt (nombre) / vain (illusoire).

s. Réponse : mètre (unité fondamentale) / maître (personne qui enseigne).

t. Réponse : moue (grimace) / moût (de raisin).

u. Réponse : si (note) / scie (qui coupe du bois).

v. Réponse : Faux. « Il est **anormal** de payer si cher pour une babiole. » anomal : « qui présente une anomalie » et anormal : « contraire aux règles ».

w. Réponse : Faux. « Ce **donataire** a reçu une donation de ses parents. » donateur : « qui fait un don » et donataire : « personne à qui on fait un don ».

x. Réponse : Faux. « Pour conquérir son épouse, il acheta un **philtre** d'amour. » filtre : « corps servant à purifier un liquide » et philtre : « breuvage magique ».

y. Réponse : Faux. « Le discours de cet homme politique est beaucoup trop long, il est **verbeux**. » verbal : « par la parole » et verbeux : « trop diffus ».

z. Réponse : Faux. « Cet enfant est désagréable avec ses professeurs, il est **impudent.** » imprudent : « qui manque de prudence » et impudent : « insolent ».

A. Réponse : vénéneux. vénéneux : « qui renferme un poison » et venimeux : « qui a du venin ».

B. Réponse : triomphal. triomphal : « qui constitue une réussite éclatante » et triomphant : « victorieux ».

C. Réponse : recouvrer. recouvrer : « récupérer ce qui était perdu » et recouvrir : « couvrir de nouveau ».

D. Réponse : joue. « mettre en joue » : « viser » et joug : « pièce de bois placée sur la tête des bœufs pour les atteler ».

E. Réponse : habileté. habileté : « qualité de celui qui est habile » et habilité : « autorisé ».

F. Réponse : prodigue. prodige : « personne extraordinaire » et « enfant prodigue » : « qui revient, repentant, chez ses parents ».

G. Réponse : collusion. collision : « choc » et collusion : « entente secrète ».

H. Réponse : inanité. inanité : « inutilité » et inanition : « privation d'aliments ».

I. Réponse : étique. éthique : « qui concerne la morale » et étique : « très maigre ».

J. Réponse : capiteux. capiteux : « qui enivre » et captieux : « trompeur ».

K. Réponse : larron.

L. Réponse : lotus.

M. Réponse : emmener.

N. Réponse : flexion.

O. Réponse : hamster.

P. Réponse : fastoche.

Q. Réponse : mœurs.

R. Réponse : derby.

Jeux de mots

Ces jeux vous proposent de retrouver un terme à partir de plusieurs mots. Le formes sont variables : en épis, en ligne et en charades.

Astuce 49 : épis de mots

Dans un épi de mots, vous devez trouver un mot qui termine, ou commence, plusieurs syllabes. Le nombre de tirets vous indique le nombre de lettres à trouver.

Exemple : trouvez un mot qui termine toutes les syllabes :

VIS
RIV > - - -
ROU

✓ Vous ajoutez AGE aux trois syllabes pour obtenir les mots : VISAGE, RIVAGE et ROUAGE. **Réponse : AGE.**

Entraînement 1

Dans chaque cas, trouvez un mot qui termine ou commence toutes les syllabes :

a.
VEN
NAC > - - - -
COUP

b.
MIER
- - - < VEUR
MAGE

c.
CHAT
FARD > - - -
P

d.
FOUIN
- - - < MADE
GRIN

Astuce 50 : terminer et commencer deux mots

> Entre les parenthèses, il faut placer un groupe de lettrers qui doit, tant en finissant le premier mot qu'en commençant le second, former deux autres termes. Le nombre de tirets indique le nombre de lettres à trouver.

Exemple : trouvez un groupe de lettres qui termine le premier mot et commence le second :

CAR (- -) NUE

✓ Vous trouvez TE qui termine CAR pour former CARTE et qui précède NUE pour former TENUE.

✓ **Réponse : TE.**

Entraînement 2

Dans chaque cas, trouvez un groupe de lettres qui termine le premier mot et commence le second.

e.	ÉC	(- - -)	LEAU	f.	CAMP	(- -)	AGE
g.	MATE	(- - -)	ION	h.	PIN	(- - -)	DAGE
i.	VITR	(- - -)	LEURS	j.	ROU	(- - -)	SAGE

Astuce 51 : charades de mots

> Vous devez résoudre des charades en trouvant les synonymes des mots proposés, le nombre de lettres vous est indiqué. Vous ne devez considérer ni les accents, ni les cédilles.

Exemple : complétez la charade :

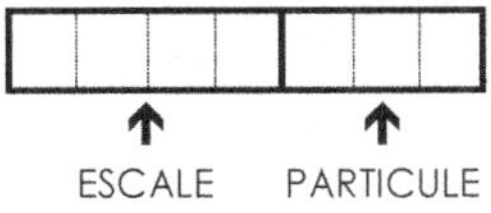

= RATION

✓ Un PORT est une ESCALE et un ION est une PARTICULE. Vous formez : PORTION qui est synonyme de RATION. **Réponse : PORTION.**

Entraînement 3

Complétez les charades suivantes.

k. □□□ □□□ = HABITATION
↑ MOIS ↑ BRUIT

l. □□ □□□□□ = REPOS
↑ CUBE ↑ REFUGE

m. □□□□ □□□ = ROCHE
↑ VISAGE ↑ LUMIERE

n. □□□□ □□□□ = FORÇAT
↑ PESTE ↑ NEANT

o. □□□□ □□□□ = DYNASTIE
↑ VETEMENT ↑ A TOI

p. □□□ □□□□ = LOCATION
↑ METAL ↑ SORCIER

Correction des entraînements

a. Réponse : ELLE.

b. Réponse : FER.

c. Réponse : EAU.

d. Réponse : CHA.

e. Réponse : ROU. (ÉCROU / ROULEAU)
f. Réponse : US. (CAMPUS / USAGE)
g. Réponse : LOT. (MATELOT / LOTION)
h. Réponse : SON. (PINSON / SONDAGE)
i. Réponse : AIL. (VITRAIL / AILLEURS)
j. Réponse : LIS. (ROULIS / LISSAGE)
k. Réponse : MAISON. (MAI / SON)
l. Réponse : DETENTE. (DE / TENTE)
m. Réponse : MINERAI. (MINE / RAI)
n. Réponse : GALERIEN. (GALE / RIEN)
o. Réponse : CAPETIEN. (CAPE / TIEN)
p. Réponse : FERMAGE. (FER / MAGE)

Proverbes et expressions

Astuce 52 : proverbes

Un proverbe est une expression populaire qui illustre de façon imagée les comportements humains. Ces questions permettent d'apprécier votre culture générale et votre faculté de compréhension des métaphores que cachent les proverbes. **Exemples :**

À bon chat, bon rat : l'agresseur trouve un adversaire capable de lui résister.
À malin, malin et demi : on trouve toujours un plus fort que soi.
Aller à hue et à dia : aller dans tous les sens, sans direction.
Aller à vau-l'eau : sans contrôle de ses actes, ni des conséquences.
Avoir le cœur au bord des lèvres : avoir la nausée.
Avoir les dents qui rayent le plancher : être arriviste.
Avoir voix au chapitre : pouvoir donner son avis.
Boire du petit-lait : savourer une situation.
Boire le calice jusqu'à la lie : supporter une épreuve jusqu'à son terme.
Crier haro sur le baudet : critiquer publiquement quelqu'un.
De la roupie de sansonnet : pas grand chose.
Donner un os à ronger : occuper quelqu'un.
Entre chien et loup : à la tombée de la nuit.
Être le bec dans l'eau : avoir raté quelque chose.
Faire des gorges chaudes : se moquer.
Jeter le bébé avec l'eau du bain : perdre de vue l'essentiel.
La mouche du coche : le petit élément perturbateur.
Manger son blé vert : dépenser son revenu à l'avance.
Monnaie de singe : promesses sans valeur.
Ne pas se moucher du coude : avoir de l'argent.
Pont aux ânes : connaissance élémentaire que même un ignorant doit savoir.
Quadrature du cercle : problème impossible à résoudre.
Subir le supplice de Tantale : arriver presque à ses fins mais ne pas réussir.
Vouer aux gémonies : considérer avec le plus grand mépris.

Entraînement 1

Complétez correctement les proverbes suivants :

a. Pratiquer la douche ....

b. Il y a loin de la coupe aux ....

c. Jeter de la poudre ....

d. Qui rit vendredi, pleurera ....

e. La caque sent toujours ....

f. Le rocher de ....

g. Bonne renommée vaut mieux que ....

h. Apporter de l'eau à son ....

i. Brûler la chandelle par ....

j. Avoir les deux pieds ....

k. Couper les cheveux ....

l. Trier le bon grain ....

m. Passer sous les ....

n. Mettre un cautère sur ....

o. Au diable ....

Astuce 53 : expressions visuelles

Une expression visuelle est une expression que vous devez retrouver en tenant compte de la taille des lettres, de leur forme, de leur emplacement et de leur graphisme.

Exemple : retrouvez l'expression :

la **R** ge

- ✓ La lettre R se différencie des autres lettres car elle est écrite en caractères plus grands que les autres.
- ✓ La lettre R se prononce comme le mot « air ».
- ✓ **Réponse : l'air du large.**

Entraînement 2

Retrouvez les expressions visuelles suivantes :

p. **P O I   R E**

q. **. . R I C O T S**

r. **P I E D**
H E R   B E

s. **R O C E D**

t. **V   O   I   N**

u. **B U T   B U T**

v. **Rouleauêtre**

w. **N U A T Ê T E G E S**

x. **~~passé~~**

y. **N O I T A U T I S**

z. **P E R S O N E**

A. **L O T T E finir**

B. **É   RA dans NGS   É**

C. **être**
principe   principe

Correction des entraînements

a. Réponse : Pratiquer la douche écossaise. (Avoir un comportement très contrasté qui fait que l'interlocuteur ne sait plus comment réagir.)
b. Réponse : Il y a loin de la coupe aux lèvres.
(Il y a beaucoup d'obstacles entre un désir et sa réalisation.)
c. Réponse : Jeter de la poudre aux yeux. (Chercher à paraître plus que l'on est.)
d. Réponse : Qui rit vendredi, pleurera dimanche.
(Le triomphe est bref et le vent tourne.)
e. Réponse : La caque sent toujours le hareng. (On se ressent toujours de ses origines.)
f. Réponse : Le rocher de Sisyphe. (Travail interminable.)
g. Réponse : Bonne renommée vaut mieux que ceinture dorée.
(Mieux vaut jouir de l'estime publique que d'être riche.)
h. Réponse : Apporter de l'eau à son moulin. (Donner des arguments.)
i. Réponse : Brûler la chandelle par les deux bouts. (Vivre de manière trop intense.)
j. Réponse : Avoir les deux pieds dans le même sabot. (Être peu débrouillard.)
k. Réponse : Couper les cheveux en quatre. (Pinailler, chicaner.)
l. Réponse : Trier le bon grain de l'ivraie. (Séparer le bien du mal.)
m. Réponse : Passer sous les fourches caudines. (Devoir subir la volonté de quelqu'un.)
n. Réponse : Mettre un cautère sur une jambe de bois. (Action sans aucun effet.
o. Réponse : Au diable vauvert. (Très loin.)
p. Réponse : couper la poire en deux.
q. Réponse : la fin des haricots.
r. Réponse : couper l'herbe sous le pied.
s. Réponse : l'envers du décor.
t. Réponse : de l'eau dans le vin.
u. Réponse : de but en blanc.
v. Réponse : être au bord du rouleau.
w. Réponse : avoir la tête dans les nuages.
x. Réponse : tirer un trait sur le passé.
y. Réponse : retournement de situation.
z. Réponse : il y a erreur sur la personne.
A. Réponse : finir en queue de poisson.
B. Réponse : entrer dans les rangs.
C. Réponse : être à cheval sur les principes.

Devinettes

Astuce 54 : devinettes insidieuses

Vous devez répondre à des devinettes insidieuses pour lesquelles la réponse est souvent évidente, mais peut comporter des pièges.

Exemple : **Antoine a en poche deux pièces de monnaie pour un montant de 3 €, mais l'une des deux pièces n'est pas une pièce de 1 €. Quelles pièces possède-t-il ?**

- ✓ Si une des deux pièces n'est pas une pièce de 1 €, ce n'est pas pour cela que l'autre n'est pas une pièce de 1 € !
- ✓ **Réponse : Antoine possède donc une pièce de 1 € et une pièce de 2 €.**

Entraînement 1

Résolvez les devinettes suivantes :

a. Une voiture participe à une course. À un moment donné, elle dépasse la deuxième. Quelle est sa nouvelle position ?

b. Combien de mois de l'année comporte 28 jours ?

c. Combien d'espèces d'animaux Moïse a-t-il fait monter sur l'arche ?

d. Je peux tourner sans bouger. Que suis-je ?

e. À marée basse, une échelle de coupée, fixée par son sommet au flanc d'un navire, a 15 échelons hors de l'eau. Ces échelons sont à 30 cm les uns des autres. Si la marée monte de 90 cm par heure, combien restera-t-il d'échelons hors de l'eau au bout de trois heures ?

f. Une femme possède 15 chaussettes identiques de couleur blanche, 13 identiques de couleur noire et 18 identiques de couleur rouge. Tout à coup, elle se retrouve dans le noir total. Combien de chaussettes doit-elle sortir de son placard pour être certaine d'avoir une paire de chaussettes noires ?

g. Je réfléchis sans réfléchir. Que suis-je ?

Astuce 55 : phrases autoréférentes

Une phrase autoréférente fait référence à elle-même par leur contenu propre. Certaines devinettes concernant des phrases autoréférentes vous demandent le nombre à écrire en toutes lettres pour que l'énoncé soit conforme au contenu. Pour cela, vous commencez par comptabiliser le nombre de lettres (ou de voyelles ou de consonnes) de l'énoncé et vous terminez en intégrant dans la somme le nombre de lettres (ou de voyelles ou de consonnes) des mots des choix proposés.

Exemple : quel mot faut-il écrire à la place des points de suspension pour que l'énoncé suivant soit correct ?

« le nombre de lettres dans cette phrase est de ... »

A. quarante-huit **B.** quarante-neuf
C. cinquante-deux **D.** cinquante-trois

✓ Vous commencez par compter le nombre de lettres présentes dans la phrase de l'énoncé, soit 37 lettres.

✓ Vous essayez le choix A :

- « quarante-huit » possède 12 lettres.
- si vous additionnez 37 et 12, vous obtenez 49 et non 48.

✓ Vous essayez le choix B :

- « quarante-neuf » possède 12 lettres.
- si vous additionnez 37 et 12, vous obtenez 49.

✓ **Réponse : B.**

Entraînement 2

Résolvez les devinettes suivantes :

h. Quels mots faut-il écrire à la place des points de suspension pour que l'énoncé suivant soit correct ?

« Cette phrase est composée de ... voyelles et de ... consonnes. »

A. vingt-quatre et trente-huit **B.** vingt-cinq et trente-huit
C. vingt-quatre et trente-neuf **D.** vingt-cinq et trente-neuf

i. Quels mots faut-il écrire à la place des points de suspension pour que l'énoncé suivant soit correct ?
« La phrase suivante est composée de … voyelles. La phrase précédente est composée de … consonnes. »
A. seize et vingt B. vingt et seize
C. vingt-quatre et vingt D. vingt et vingt-quatre

j. Quels mots faut-il écrire à la place des points de suspension pour que l'énoncé suivant soit correct ?
« La deuxième phrase contient … consonnes. La première phrase contient … voyelles. »
A. vingt et seize B. vingt-deux et dix-huit
C. vingt-trois et dix-sept D. dix-neuf et dix-huit

k. Quels sont les quatre nombres que l'on doit écrire à la place des pointillés pour que l'énoncé suivant soit correct ?
« Cette phrase comporte … chiffre(s) 1, … chiffre(s) 2, … chiffre(s) 3 et … chiffre(s) 4. »

l. Quels sont les quatre nombres que l'on doit écrire à la place des pointillés pour que l'énoncé suivant soit correct ?
« Cette phrase comporte … chiffre(s) 1, … chiffre(s) 2, … chiffre(s) 3, … chiffre(s) 4, … chiffres (5), … chiffres (6), … chiffres (7), … chiffres (8), … chiffre (9) et … chiffres (0). »

Correction des entraînements

a. Réponse : deuxième. Si la voiture dépasse la deuxième, elle prend la place de la deuxième et devient deuxième elle-même.
b. Réponse : 12 mois.
c. Réponse : aucun. C'est Noé qui était sur l'arche, pas Moïse !
d. Réponse : le lait.
e. Réponse : 15. Le bateau monte avec la marée, et donc l'échelle aussi, laissant toujours le même nombre d'échelons hors de l'eau.
f. Réponse : 35. Si elle sort 33 (15 + 18) chaussettes, il y a très peu de chance qu'elles soient toutes blanches ou rouges. Pour être certaine d'avoir une paire de chaussettes noires, elle doit en sortir deux de plus.
g. Réponse : le miroir.
h. Réponse : D. « Cette phrase est composée de vingt-cinq voyelles et de trente-neuf consonnes. »
i. Réponse : D. « La phrase suivante est composée de vingt voyelles. La phrase précédente est composée de vingt-quatre consonnes. »
j. Réponse : C. « La deuxième phrase contient vingt-trois consonnes. La première phrase contient dix-sept voyelles. »
k. Réponse : 2 3 2 1 ou **3 1 3 1.**
l. Réponse : 7 3 2 1 1 1 2 1 1 1 ou **11 2 1 1 1 1 1 1 1 1.**

Logique formelle

Ces questions se présentent sous la forme de petits énoncés se prêtant à une approche déductible et font appel à votre bon sens et à vos capacités de déduction.

Astuce 56 : règles de négation

Soient A et B sont deux propositions.

✳ La négation de « On affirme A et on affirme B » est : « On nie A ou on nie B ».

✳ La négation de « On affirme A ou on affirme B » est : « On nie A et on nie B ».

✳ La négation de « Tout A est B » n'est pas « Aucun A n'est B » mais « Il existe au moins un A qui n'est pas B ».

✳ La négation de « Certains A sont B » est « Aucun A n'est B ».

✳ La négation de « Si on affirme A alors on affirme B » est : « On affirme A et on nie B ».

Exemple : quelle est la négation de « Célia va à la plage et il pleut. » ?

A. Célia va à la plage ou il pleut.
B. Célia va à la plage et il ne pleut pas.
C. Célia ne va pas à la plage ou il ne pleut pas.
D. Célia ne va pas à la plage ou il pleut.

✓ La négation de « et » est « ou », donc la négation de « Célia va à la plage et il pleut » est : « Célia ne va pas à la plage ou il ne pleut pas ».

✓ **Réponse : C.**

Exemple : quelle est la négation de « S'il pleut alors je sors mon parapluie. »

A. Il ne pleut pas.
B. Il pleut ou je sors mon parapluie.
C. Je ne sors pas mon parapluie et il ne pleut pas.
D. Il pleut et je ne sors pas mon parapluie.

✓ La négation de « S'il pleut alors je sors mon parapluie. » est : « Il pleut et je ne sors pas mon parapluie. ».

✓ **Réponse : D.**

Exemple : quelle est la négation de « Tous les enfants aiment les bonbons. » ?

A. Aucun enfant n'aime les bonbons.
B. Un enfant aime les bonbons.
C. Certains enfants aiment les bonbons.
D. Il existe au moins un enfant qui n'aime pas les bonbons.

✓ La négation de « Tous les enfants aiment les bonbons. » est : « Il existe au moins un enfant qui n'aime pas les bonbons. ».

✓ **Réponse : D.**

Entraînement 1

Pour chaque phrase ci-dessous, donnez leur négation :

a. « Les étudiants sont tous présents et assidus. »

A. Aucun étudiant n'est présent ou aucun n'est assidu.
B. Un étudiant n'est pas présent ou un étudiant n'est pas assidu.
C. Un étudiant n'est pas présent et un étudiant n'est pas assidu.
D. Certains étudiants ne sont pas présents ou certains étudiants ne sont pas assidus.

b. « Tous les chiens aboient. »

A. Aucun chien n'aboie.
B. Tous les chiens aboient.
C. Aucun chien ne miaule.
D. Au moins un chien n'aboie pas.

c. « Certains chats griffent. »

A. Tous les chats griffent.
B. Aucun chat ne griffe.
C. Certains chats ne griffent pas.
D. Il existe un chat qui ne griffe pas.

Astuce 57 : *modus ponens*

> « Si on affirme A, alors on affirme B… or on affirme A, donc on affirme B. »

Exemple : les footballeurs français portent un maillot bleu. Un footballeur est français, porte-t-il un maillot rouge ?

A. Oui **B.** non **C.** on ne peut pas savoir

- ✓ Soit A : « le footballeur est français » et B : « le footballeur porte un maillot bleu ».
- ✓ Si le joueur est français, alors on affirme A, donc on affirme B.
- ✓ Si on affirme B, alors le joueur porte un maillot bleu. **Réponse : B.**

Astuce 58 : *modus tollens*

> « Si on affirme A, alors on affirme B… or on nie B, donc on nie A. »

Exemple : les footballeurs français portent un maillot bleu. Un joueur porte un maillot rouge, est-ce un footballeur français ?

A. oui **B.** non **C.** on ne peut pas savoir

- ✓ Soit A : « le footballeur est français » et B : « le footballeur porte un maillot bleu ».
- ✓ Si le joueur porte un maillot rouge, alors on nie B, donc on nie A.
- ✓ Si on nie A, alors le joueur n'est pas un footballeur français.
- ✓ **Réponse : B.**

Conseils

- « Si on affirme A, alors on affirme B… or on nie A, donc on ne peut rien dire sur B » !
- « Si on affirme A, alors on affirme B… or on affirme B, donc on ne peut rien dire sur A » !

Entraînement 2

Dans chaque cas, donnez la bonne réponse.

A. oui **B.** non **C.** on ne peut pas savoir

d. Si Lucas ment, alors Pierre dit la vérité. Aujourd'hui, Pierre a menti. Est-ce que Lucas dit la vérité ?

e. S'il pleut, alors Morgane sort son parapluie. Aujourd'hui, Morgane sort son parapluie. Est-ce qu'il pleut ?

f. Les joueuses de handball russes portent un maillot bleu. Une joueuse de handball n'est pas russe, porte-t-elle un maillot bleu ?

g. Si Oscar obtient une prime, alors il part en vacances au Portugal. Oscar a obtenu une prime, part-il en vacances à Madrid ?

h. Si un étudiant travaille sérieusement, alors il a de fortes chances d'obtenir son concours. Robin travaille sérieusement : va-t-il obtenir son concours ?

Astuce 59 : vérité/mensonge

Dans des questions de vérité/mensonge, vous devez comprendre le lien entre l'exactitude (l'inexactitude) des paroles tenues par un individu (« je dis la vérité »/« je mens ») et le comportement de l'individu (menteur ou non). Vous pouvez réaliser un tableau dans lequel vous repérez les changements. Si besoin, vous élaborez des hypothèses. De plus, sachez que :

* si un menteur dit « je dis la vérité », alors il ment ;
* si un menteur dit « je mens », alors il dit la vérité.

Exemple : Françoise ment mercredi, jeudi, vendredi et samedi, mais dit la vérité dimanche, lundi et mardi. Françoise dit : « Hier, j'ai menti et je mentirai le lendemain d'après-demain. » Quel jour sommes-nous ?

A. jeudi **B.** vendredi **C.** samedi **D.** dimanche

✓ Vous construisez un tableau, avec les notations M pour mensonge et V pour vérité.

Lundi	Mardi	Mercredi	Jeudi	Vendredi	Samedi	Dimanche
V	V	M	M	M	M	V

✓ Vous repérez les changements M/V : le dimanche et le mercredi.

✓ Si nous sommes mercredi, Françoise ment, donc hier, mardi, elle disait la vérité. C'est absurde puisqu'elle dit « Hier, j'ai menti. »

✓ Si nous sommes dimanche, Françoise dit la vérité, donc hier, samedi, elle mentait et elle mentira le lendemain d'après-demain, c'est-à-dire mercredi. Nous sommes donc dimanche.

✓ **Réponse : D.**

Entraînement 3

Résolvez les problèmes suivants :

i. Inès ment mardi, jeudi et le week-end. Inès dit : « Hier, Jules a menti. » Hier, Jules a dit : « Avant-hier, Inès avait menti. »
Quel jour sommes-nous ?

A. lundi ou week-end

B. mercredi

C. dimanche ou lundi

D. lundi ou mardi

j. Dans une file d'attente à un magasin comprenant 25 personnes, chaque individu, hormis le premier, affirme que la personne située devant lui dans la file ment. La première personne de la file affirme que tous les individus derrière elle mentent.
Combien y a-t-il de menteurs dans cette file ?

A. 1 **B.** 12 **C.** 13 **D.** 24

k. Un détecteur de mensonges essaie de savoir qui dit la vérité parmi les suspects pour trouver celui qui a commis le vol d'un tableau. Il enregistre les phrases suivantes :
- Édouard : « C'est Gilles le coupable ! »
- Gilles : « N'importe quoi, c'est François ! »
- François : « Gilles se trompe quand il dit que c'est moi ! »
- Paul : « En tous cas, ce n'est pas moi ! »

Qui est coupable ?

A. Édouard **B.** Gilles **C.** François **D.** Paul

Correction des entraînements

a. **Réponse : B.**
b. **Réponse : D.**
c. **Réponse : B.**

d. Réponse : A. A = « Lucas ment » et B = « Pierre dit la vérité ». Or, vous niez B, donc vous niez A. Ainsi, Lucas dit la vérité.

e. Réponse : C. A = « Il pleut » et B = « Morgane sort son parapluie ». Or, vous affirmez B, donc vous ne pouvez rien dire sur A.

f. Réponse : C. A = « Une joueuse de handball est russe » et B = « Porter un maillot bleu ». Or, vous niez A, donc vous ne pouvez rien dire sur B.

g. Réponse : B. A = « Oscar obtient une prime » et B = « Oscar part au Portugal ». Or, vous affirmez A, donc vous affirmez B. Oscar part en vacances au Portugal, et Madrid se trouve en Espagne ! Oscar ne part donc pas à Madrid.

h. Réponse : C. A = « Travailler sérieusement » et B = « Avoir de fortes chances d'obtenir son concours ». Or, vous affirmez A, donc vous affirmez B. Ainsi, Robin a de fortes chances d'obtenir son concours, mais vous n'êtes pas certain qu'il l'obtienne.

i. Réponse : D. Vous construisez un tableau :

Jour	Lundi	Mardi	Mercredi	Jeudi	Vendredi	Samedi	Dimanche
Inès	V	M	V	M	V	M	M

Première hypothèse : Inès dit la vérité aujourd'hui : donc Jules a menti hier et avant-avant-hier, Inès avait dit la vérité. Seul le lundi correspond à cette hypothèse.

Seconde hypothèse : Inès ment aujourd'hui : donc Jules a dit la vérité hier et avant-avant-hier, Inès avait menti. Seul le mardi correspond à cette hypothèse.

j. Réponse : C. Première hypothèse : la première personne de la file dit la vérité. Ceci est incohérent ! En effet, si la troisième personne ment, alors en affirmant que la deuxième personne ment, cela revient à dire que la deuxième personne dit la vérité. Comme la deuxième personne affirme que la première personne ment : ceci est contradictoire avec l'hypothèse.

Seconde hypothèse : la première personne de la file ment.

Ceci est cohérent ! En effet, quand la première personne de la file affirme que « tous les individus derrière elle mentent », cela veut dire qu'« au moins un individu derrière elle dit la vérité ». Sans compter la première personne, un individu sur deux dit la vérité, soit 24/2 = 12.

Bilan, il y a 12 + 1 = 13 menteurs.

k. Réponse : D. Il y a une contradiction entre Gilles et François. Si Gilles ment, François dit la vérité et si Gilles dit la vérité, François ment. Si l'un dit la vérité et l'autre ment, alors Édouard et Paul mentent. C'est donc Paul le coupable.

Syllogismes

Au IVe siècle avant J.-C., le philosophe Grec Aristote, dans ses *Premiers analytiques*, définit un type de raisonnement logique : le syllogisme.

Astuce 60 : syllogisme

C'est un raisonnement logique à deux propositions, appelées « prémisses », conduisant à une conclusion.

Les deux prémisses ont un terme en commun, nommé « moyen terme », et la conclusion contient les deux termes apparaissant dans les prémisses qui ne sont pas le terme commun, appelés « grand terme » et « petit terme ».

Un raisonnement non valide est appelé « sophisme » ou « paralogisme », selon qu'il soit volontaire ou non.

Vous devez déterminer si le raisonnement est valide et non pas décider si la conclusion est vraie ou fausse en réalité.

Exemple : soit le plus célèbre syllogisme d'Aristote :

Tous les hommes sont mortels ;
Socrate est un homme ;
Donc Socrate est mortel.

✓ C'est un syllogisme : le moyen terme est « homme », l'ensemble le plus grand est celui des mortels, donc le grand terme est « mortels » et le petit terme est « Socrate ».

✓ Si Socrate est un homme et que les hommes sont mortels, alors Socrate est mortel : le raisonnement est valide. C'est un syllogisme.

Exemple : soit le raisonnement :

Tous les hommes sont des animaux ;
Tous les grecs sont des barbares ;
Donc tous les grecs sont des hommes.

✓ Ce n'est pas un syllogisme, puisqu'il n'a pas de moyen terme (les deux prémisses n'ont pas de terme en commun).

Astuce 61 : schémas à connaître

Pour conclure à la validité d'un raisonnement, réaliser un schéma peut s'avérer plus simple.	
Propositions	**Schémas**
« Tous les A sont B » :	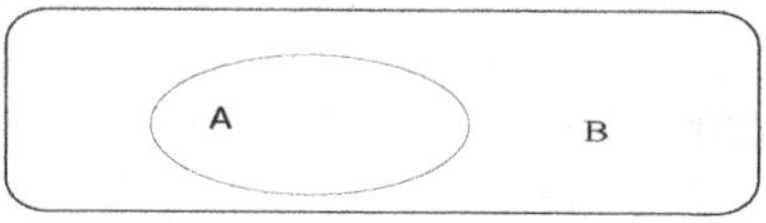
« Aucun A n'est B » ou « Nul A n'est B » :	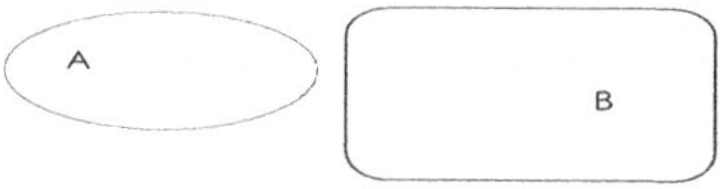
« Quelques A sont B » ou « Certains A sont B » :	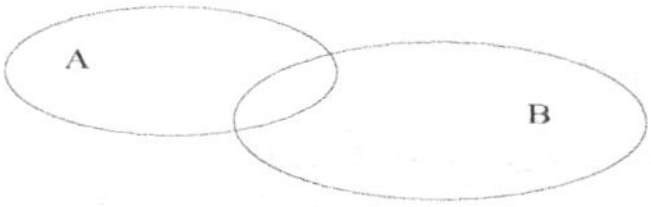
« Seuls les A sont B » ou « Tous les non A sont non B » ou « Tous les B sont A » :	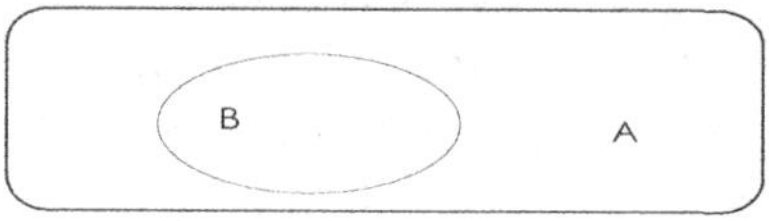

Exemple : le raisonnement suivant est-il valide ?

Tous les canards sont des poissons ;
Tous les poissons ont des moustaches ;
Donc tous les canards ont des moustaches.

✓ Dans la réalité, les deux premières prémisses, ainsi que la conclusion n'ont aucun sens ! Pourtant, le raisonnement est bien formé : il est valide. Voici le schéma :

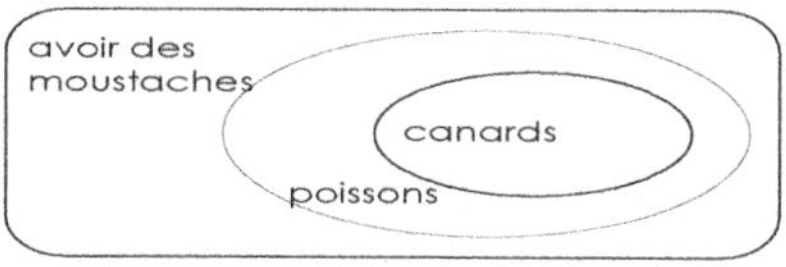

✓ **Réponse : valide.**

Exemple : le raisonnement suivant est-il valide ?

Certains hommes sont athéniens ;
Socrate est un homme ;
Donc Socrate est athénien.

- ✓ Cette fois, dans la réalité, les deux prémisses ainsi que la conclusion sont toujours vérifiées.
- ✓ Par contre, le raisonnement n'est pas valide. Socrate peut ne pas être athénien. Voici les schémas possibles :

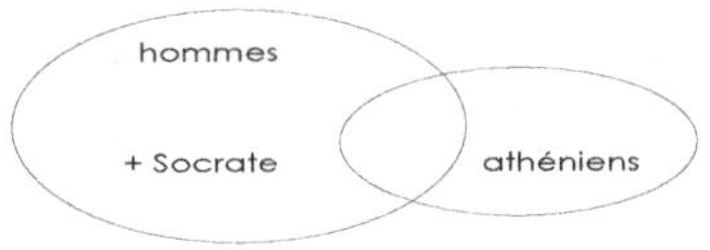

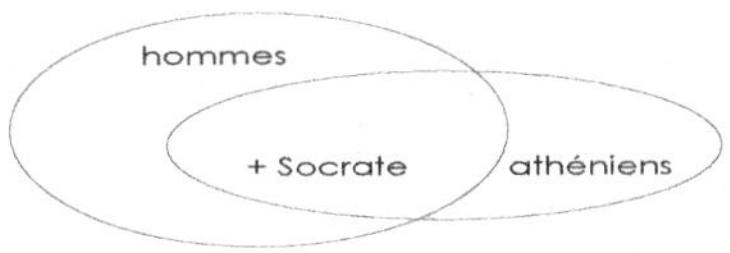

- ✓ **Réponse : invalide.**

Entraînement 1

Dites si les raisonnements suivants sont valides ou non.

a. Tous les crétins sont idiots ;
Quelques crétins sont des menteurs ;
Donc quelques menteurs sont idiots.

b. Seules les tables sont en bois ;
Toutes les armoires sont en bois ;
Donc, toutes les armoires sont des tables.

c. Tous les internautes sont rêveurs ;
Hugo est rêveur ;
Donc Hugo est un internaute.

d. Tous les hommes sont insolents ;
Certains mammifères sont des hommes ;
Donc certains mammifères sont insolents.

e. Tous les enfants sont sérieux ;
Tous les enfants jouent ;
Donc les personnes sérieuses jouent.

Astuce 62 : plusieurs conclusions possibles

Un raisonnement pouvant contenir plusieurs prémisses vous est proposé. Vous devez déterminer, parmi plusieurs propositions, quelle(s) conclusion(s) découle(nt) directement du raisonnement.

Exemple : quelle(s) conclusion(s) découle(nt) directement des affirmations suivantes ?
Quelques Français sont des voyageurs ;
Tous les voyageurs sont des illuminés ;

A. Quelques Français sont des illuminés.
B. Quelques illuminés sont des Français.
C. Les Français illuminés sont des voyageurs.

✓ Voici le schéma :

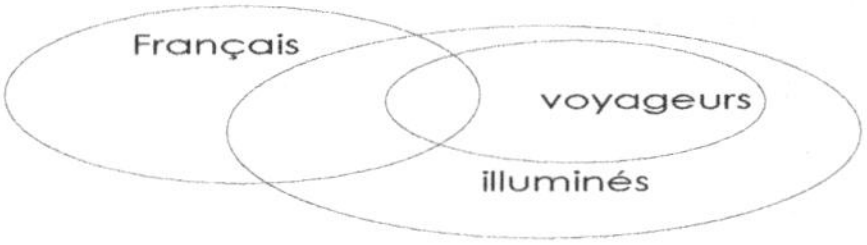

✓ Les propositions A et B sont évidemment valides. La proposition C est invalide : il y a des Français illuminés qui ne sont pas des voyageurs.

✓ **Réponses : A ; B.**

Entraînement 2

Pour chaque question, quelle(s) conclusion(s) découle(nt) directement des affirmations suivantes ?

f. Seuls les A sont B. Donc :

- **A.** Tous les A sont B.
- **B.** Certains B sont A.
- **C.** Aucun B n'est A.

g. Tous les vagabonds sont moribonds.

Quelques érudits sont des vagabonds. Donc :

- **A.** Quelques érudits sont moribonds.
- **B.** Les érudits moribonds sont des vagabonds.
- **C.** Tous les vagabonds sont érudits.

h. Tous les coings sont jaunes.
Tous les coings sont des fruits crus. Donc :
A. Tous les fruits crus sont jaunes.
B. Quelques coings ne sont pas jaunes et crus.
C. Tous les coings sont jaunes et crus.

i. Aucun artiste n'est sérieux.
Seuls les artistes sont originaux. Donc :
A. Tous les non-artistes sont non originaux.
B. Aucune personne sérieuse n'est originale.
C. Quelques originaux ne sont pas sérieux.

j. Tous les pirates sont des corsaires.
Certains plaisantins sont des corsaires.
Aucun pirate n'est un plaisantin. Donc :
A. Il y a des plaisantins qui sont corsaires.
B. Tous les corsaires sont des pirates.
C. Aucun plaisantin n'est un pirate.

Correction des entraînements

a. Réponse : valide.

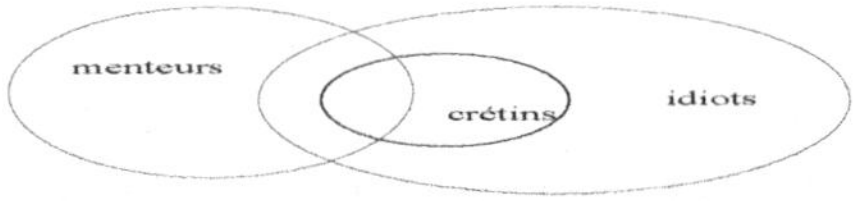

b. Réponse : valide.

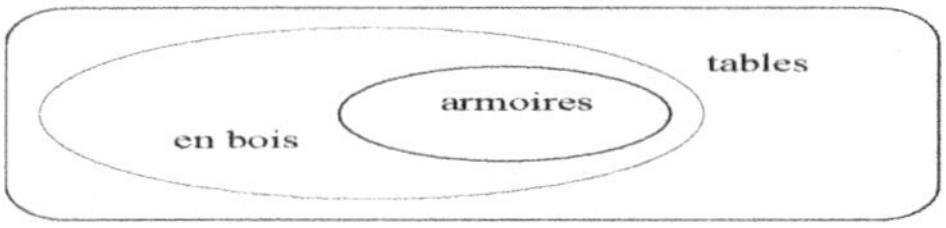

c. Réponse : invalide. Voici les deux schémas possibles :

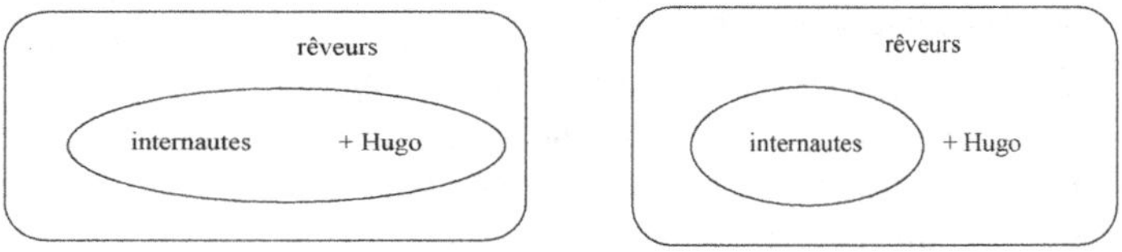

d. Réponse : valide. Voici les deux schémas possibles :

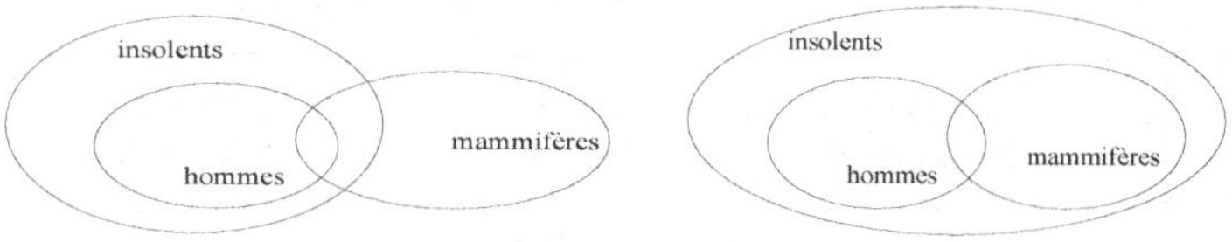

e. Réponse : invalide. Conclusion fausse : seulement certaines personnes sérieuses (les enfants) jouent.

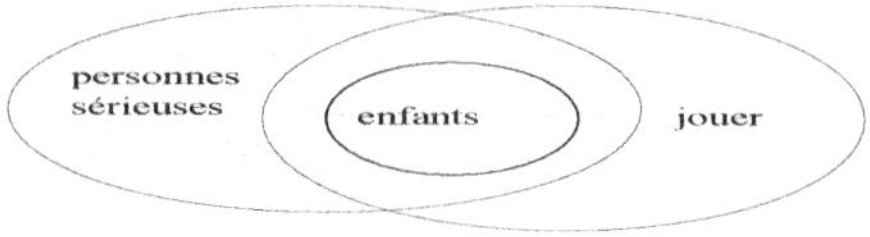

f. Réponse : B.

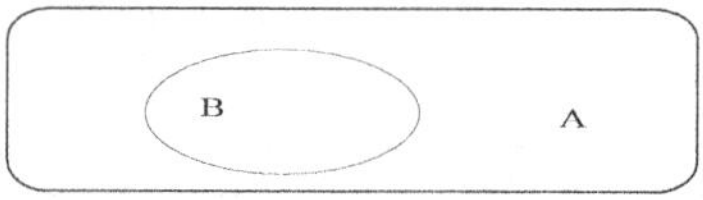

g. Réponse : A.

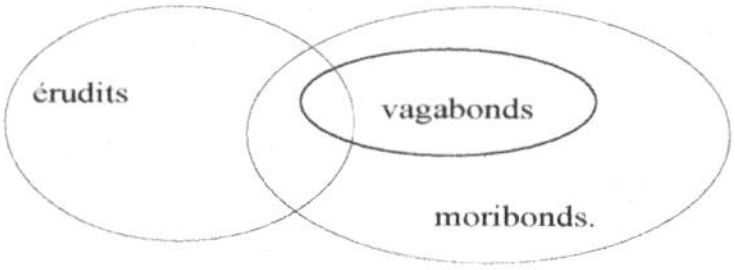

h. Réponse : C.

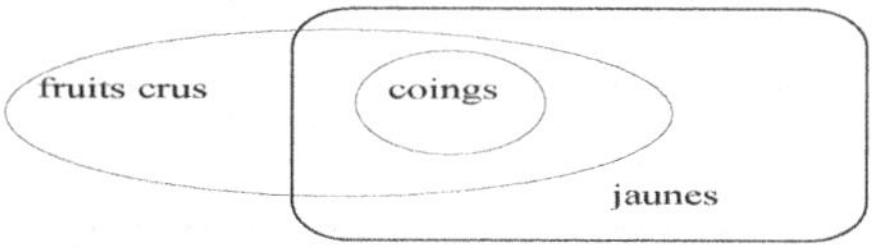

i. Réponses : A ; B ; C.

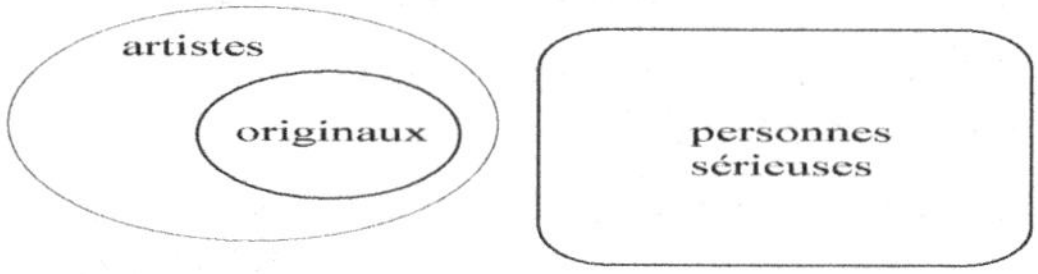

j. Réponses : A ; C.

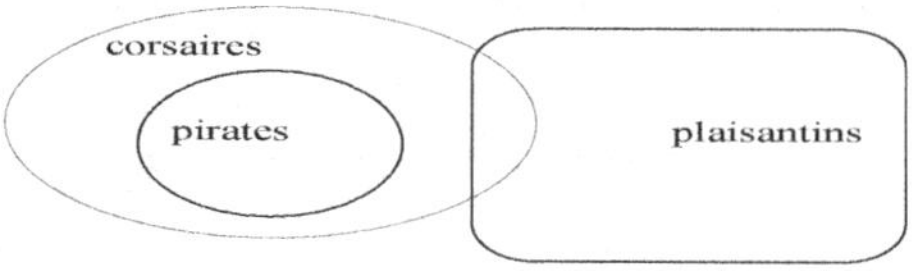

Calendriers et horloges

Dans les questions type « calendriers », on peut vous demander de trouver le jour de la semaine à une date donnée ou dans N jours ou une date dans N jours. Certaines questions peuvent vous préciser qu'il y a cinq jours identiques dans un mois de 31 jours.
D'autres problèmes abordent les « horloges » déréglées.

Astuce 63 : calendriers

Que ce soit pour connaître le jour de la semaine à une date donnée ou dans N jours ou pour connaître une date dans N jours, il faut effectuer la division euclidienne du nombre de jours par 7 et en étudier le reste.
Rappelez-vous :

1 année = 2 semestres = 4 trimestres = 12 mois = 52 semaines = 365 ou 366 jours
Mois de 31 jours (4 semaines complètes et 3 jours) : janvier, mars, mai, juillet, août, octobre et décembre.
Mois de 30 jours (4 semaines complètes et 2 jours) : avril, juin, septembre et novembre.
Mois de 28 jours (4 semaines complètes) : février (années non bissextiles).
Mois de 29 jours (4 semaines complètes et 1 jour) : février (années bissextiles).
Les années bissextiles sont : 2008, 2012, 2016, 2020, 2024, 2028...

Exemple : quel jour de la semaine serons-nous l'année prochaine à la même date ?

✓ Vous effectuez la division euclidienne de 365 par 7 :
$365 = 7 \times 52 + 1$.

✓ Le reste étant 1, **il suffit d'avancer d'un jour.**

Conseil

- Examinez si le 29 février de l'année bissextile est déjà passé ou non !

Exemple : nous sommes dimanche 02 août 2020, quel jour de la semaine serons-nous le 02 août 2021 ?

- ✓ L'année 2020 est bissextile et le mois de février 2020 compte 29 jours.
- ✓ Par contre, du 02 août 2020 au 02 août 2021, le mois de février 2021 compte seulement 28 jours !
- ✓ Il suffit d'avancer d'un jour : le 02 août 2021 tombera un lundi.
- ✓ **Réponse : lundi.**

Exemple : nous sommes dimanche 02 août 2020, quelle date serons-nous dans 100 jours ?

- ✓ Depuis le 02 août, il y a 29 jours en août, 30 en septembre, 31 en octobre, soit : 29 + 30 + 31 = 90 jours.
- ✓ Dans 90 jours, nous serons le 1er novembre. Comme 100 = 90 + 10, dans 100 jours, nous serons le 10 novembre 2020.
- ✓ Vous effectuez la division euclidienne de 100 par 7 :

  $100 = 7 \times 14 + 2$.
- ✓ Le reste étant 2, il suffit d'avancer de 2 jours : nous serons un mardi.
- ✓ **Réponse : mardi 10 novembre 2020.**

Astuce 64 : cinq jours identiques

Certaines questions peuvent vous préciser qu'il y a cinq jours identiques dans un mois de 31 jours.

Dans ce cas, vous devez réaliser un tableau et étudier les trois configurations possibles.

❶	❷	❸
1	2	3
8	9	10
15	16	17
22	23	24
29	30	31

Exemple : en mars, il y a cinq lundis dont trois impairs. Quel jour tombe le 23 ?

✓ Il n'existe que deux configurations possibles avec trois lundis impairs : ❶ et ❸.

❶	❷	❸
1	2	3
8	9	10
15	16	17
22	23	24
29	30	31

✓ Dans la configuration ❶, le 22 est un lundi et par conséquent, le 23 tombe un mardi.

✓ Dans la configuration ❸, le 24 est un lundi et par conséquent, le 23 tombe un dimanche.

✓ **Réponse : dimanche ou mardi.**

Conseil

- Si les cinq jours identiques sont des nombres **pairs**, alors vous choisissez la configuration ❷.
- Si les cinq jours identiques sont des nombres **premiers**, alors vous choisissez la configuration ❸.

Astuce 65 : horloges

Certains problèmes abordent les horloges qui peuvent être déréglées : elles avancent ou reculent d'un certain nombre de minutes.

Rappelez-vous :

1 minute = 60 secondes.
1 heure = 60 minutes = 3 600 secondes.
1 jour = 24 heures = 1 440 minutes = 86 400 secondes.

Exemple : **deux horloges sont déréglées : l'horloge A indique 5 minutes de plus à chaque heure et l'horloge B indique 15 minutes de plus à chaque heure. Aujourd'hui, elles ont été mises à l'heure à exactement midi. À quelle heure l'horloge B aura-t-elle une heure d'avance sur l'horloge A ?**

A. 16 h **B.** 17 h **C.** 18 h **D.** 19 h

✓ Chaque heure, l'horloge B est donc en avance de 15 – 5 = 10 minutes sur l'horloge A.

✓ L'horloge B aura une heure (soit 60 minutes) d'avance sur l'horloge A dans : 60 ÷ 10 = 6 heures. Dans 6 heures, il sera 18 heures.

✓ **Réponse : C.**

Entraînement 1

Résolvez les problèmes suivants :

a. Nous ne sommes pas le lendemain de dimanche, ni le jour avant mercredi. Demain, ce ne sera pas samedi, hier non plus ce n'était pas samedi. Après-demain nous ne serons pas vendredi et avant-hier n'était pas mardi. Quel jour de la semaine sommes-nous ?

b. Le 1er janvier 2020 était un mercredi. Quel jour de la semaine sera le 1er janvier 2025 ?

c. Si nous sommes aujourd'hui dimanche, quel jour serons-nous dans 500 jours ?

d. Dans un mois donné, il y a cinq jeudis. Quel jour est-il impossible de retrouver cinq fois dans ce mois ?

A. dimanche ou lundi **B.** lundi ou mardi

C. mardi ou mercredi **D.** vendredi ou samedi

e. Le 17 mars 2020 était un mardi. Quel jour de la semaine sera le 1er avril 2021 ?

A. jeudi **B.** vendredi **C.** samedi **D.** dimanche

f. Avant-hier, Catherine m'a dit : « Rendez-vous-même jour, même heure, dans deux semaines, le 27. » Quel jour sommes-nous ?

A. 12 **B.** 13 **C.** 14 **D.** 15

g. Bérénice est née le 28 février 2019. Elle est plus âgée que Myriam d'un an et deux jours. Quel jour est née Myriam ?

A. 27/02/2020 **B.** 28/02/2020 **C.** 01/03/2020 **D.** 02/03/2020

h. La pendule a été mise à l'heure officielle à 6 h du matin. Chaque quart d'heure, la pendule prend une seconde de retard par rapport à l'heure officielle. Quelle heure indique la pendule lorsque l'heure officielle est 21 h ?

A. 20 h 45 min **B.** 20 h 58 min **C.** 20 h 59 min **D.** 21 h 01 min

i. Deux horloges sont déréglées : l'horloge A indique 5 minutes de plus à chaque heure et l'horloge B indique 15 minutes de moins à chaque heure. Aujourd'hui, elles ont été mises à l'heure à exactement midi. Maintenant, l'horloge A indique 21 h 45 min et l'horloge B indique 18 h 45 min. Quelle heure est-il ?

A. 20 h **B.** 20 h 45 min **C.** 21 h **D.** 21 h 15 min

Correction de l'entraînement

a. Réponse : samedi. Retraduisez l'énoncé au jour d'aujourd'hui : Nous ne sommes pas lundi, ni mardi. Nous ne sommes pas vendredi, Nous ne sommes pas dimanche. Nous ne sommes pas mercredi. Nous ne sommes pas jeudi. Nous sommes donc samedi.
b. Réponse : mercredi. Entre 2020 et 2025, les années bissextiles sont 2020 et 2024. Entre 2020 et 2025, il y a 5 années, dont 2 bissextiles, donc on décale de 7 jours. Le 1er janvier 2025 tombera un mercredi.
c. Réponse : mercredi. Vous effectuez la division euclidienne de 500 par 7 : $500 = 7 \times 71 + 3$. Au bout de 71 semaines, nous retombons un dimanche et trois jours plus tard, nous serons un mercredi.
d. Réponse : A. Vous construisez le tableau :

Configurations avec cinq jeudis dans un mois de 31 jours :		
❶	❷	❸
1	2	3
8	9	10
15	16	17
22	23	24
29	30	31

Configuration ❶ : le 1 est un jeudi, le 2 un vendredi et le 3 un samedi.

Configuration ❷ : le 1 est un mercredi, le 2 un jeudi et le 3 un vendredi.

Configuration ❸ : le 1 est un mardi, le 2 un mercredi et le 3 un jeudi.

Les jours impossibles à retrouver cinq fois sont : dimanche ou lundi.

e. Réponse : A. L'année 2020 était bissextile, mais le 29 février était passé. Du 17 mars 2020 au 17 mars 2021, il y a un décalage d'un jour, donc le 17 mars 2021 tombera un mercredi.

Le 24 mars (17 + 7) et le 31 mars (24 + 7) tomberont également des mercredis. Le 1er avril 2021 tombera donc un jeudi.

f. Réponse : D. Si le rendez-vous est dans deux semaines, le 27, c'est que Catherine l'a dit le 13 (27 – 7 – 7). Or, c'était avant-hier, donc nous sommes le 15.

g. Réponse : C. Bérénice est née le 28/02/2019. Si elle était plus âgée que Myriam d'un an pile, Myriam serait née le 28/02/2020. Comme Bérénice est plus âgée que Myriam d'un an et deux jours, alors Myriam est née 2 jours après le 28/02/2020, soit le 01/03/2020 puisque l'année 2020 est bissextile.

h. Réponse : C. De 6 h à 21 h, il y a 15 h, soit 15 × 4 = 60 quarts d'heure et si chaque quart d'heure la pendule prend une seconde de retard, alors vous trouvez qu'au bout de 60 quarts d'heure, elle accumule 60 secondes de retard, soit 1 minute de retard. À 21 h, elle indiquera : 20 h 59 min.

i. Réponse : C. Chaque heure, il y a un décalage de 5 + 15 = 20 min entre les deux horloges. De plus, les deux horloges ont 3 h = 180 min d'écart. Cela fait 180 / 20 = 9 h qu'elles ont été mises à l'heure. Conclusion : midi + 9 h = 21 h. Il est donc 21 h.

Classements et placements

Dans les questions type « classements », il s'agit de retrouver l'ordre dans lequel se placent différents objets : rapidité, taille, richesse, etc. D'autres énigmes abordent les placements de personnes ou de cartes.

Astuce 66 : classements

> Dans des cas de classements d'objets ou de personnes, vous pouvez :
>
> ✳ réaliser un schéma ou :
>
> ✳ utiliser des inégalités que vous pouvez ajouter seulement si les symboles < ou > sont dans le même sens.

Exemple : **au départ d'une course, la voiture bleue est 1re, la rouge est 2e et la verte 3e. La voiture bleue et la voiture rouge se sont dépasses 10 fois. La voiture rouge et la voiture verte se sont dépasses 13 fois. La voiture bleue et la voiture verte se sont dépasses 8 fois. Quel est le classement final ?**

A. B - R - V **B.** B - V - R **C.** R - V - B **D.** R - B - V

✓ Traduisons l'énoncé avec des initiales : B > R > V.

✓ La voiture bleue et la voiture rouge se sont dépasses 10 fois : la voiture bleue reste devant la voiture rouge : B > R.

✓ La voiture rouge et la voiture verte se sont dépasses 13 fois : la voiture verte est passée devant la voiture rouge : V > R.

✓ La voiture bleue et la voiture verte se sont dépasses 8 fois : la voiture bleue reste devant la voiture verte : B > V.

✓ Vous obtenez l'inéquation : B > V > R.

✓ **Réponse : B.**

Conseils

- Quand le **nombre de dépassements** entre deux voitures est un nombre **pair, le classement reste le même.**
- Quand le nombre de dépassements entre deux voitures est un nombre **impair, le classement change.**

Entraînement 1

Résolvez les problèmes suivants :

a. Agnès est plus lente que Louise, mais elle est plus rapide que Renée. Renée est plus lente que Manon qui est plus rapide que Louise. Paola est plus rapide que Manon. Qui est la plus rapide ?

A. Louise **B.** Renée **C.** Manon **D.** Paola

b. Les épinards contiennent plus de fer que les noix. Mais puisque les lentilles contiennent plus de fer que le raisin, il en résulte que les épinards contiennent plus de fer que le raisin. Quel est l'argument qui ne parvient pas à rendre ce raisonnement correct ?

A. les lentilles sont plus riches en fer que les épinards.

B. les noix sont plus riches en fer que le raisin.

C. les lentilles sont moins riches en fer que les noix.

D. les noix et les lentilles ont la même concentration en fer.

E. les épinards et les lentilles sont aussi riches en fer les uns que les autres.

c. À eux deux, Thomas et Marc sont plus riches que Louis et André réunis. De plus, Louis et Damien ensemble sont plus riches que Marc et Fabien réunis. Quelle est, parmi les quatre propositions, la seule dont on peut être certain qu'elle soit vraie ?

A. À eux deux, Thomas et André sont plus riches que Louis et Marc réunis.

B. À eux deux, André et Damien sont plus pauvres que Thomas et Louis réunis.

C. À eux deux, Thomas et Damien sont plus riches que Fabien et André réunis.

D. À eux deux, Marc et Louis sont plus pauvres que Thomas et André réunis.

d. Au 10e km d'un marathon, Édouard est 1er, Hugo 2e et Victor 3e. Entre le 10e et le 20e km, Édouard et Hugo se sont dépassés 9 fois. Entre le 20e et le 30e km, Hugo et Victor se sont dépassés 12 fois. Entre le 30e et le 40e km, Édouard et Victor se sont dépassés 7 fois. Quel est le classement au 40e km (les personnes étant désignées par leur initiale) ?

A. E – H – V **B.** V – E – H **C.** H – E – V **D.** H – V – E

Astuce 67 : placements de personnes

> Dans les cas de placements de personnes, il y a un piège car les personnes se trouvent face à vous, donc leur droite et leur gauche sont inversées par rapport aux vôtres !

Exemple : **trouvez le nom de chaque personne ci-dessous, sachant que :**
▪ elles sont côte à côte et face à nous ;
▪ Valentine a Valérie à sa gauche ;
▪ Valentine et Virginie ne sont pas l'une à côté de l'autre.

A **B** **C**

✓ La troisième affirmation donne :

- A = Valentine, B = Valérie, C = Virginie ou :
- A = Virginie, B = Valérie, C = Valentine.

✓ La deuxième affirmation place Valérie à la gauche de Valentine.

✓ **Réponse : A = Valentine, B = Valérie et C = Virginie.**

Conseil

« Valentine a Valérie à sa gauche » ne signifie pas « Valentine a immédiatement Valérie à sa gauche ».

Entraînement 2

Résolvez les problèmes suivants :

e. Autour d'une table hexagonale, Francis n'est pas en face de Brigitte. Claudia est en face de Flora. Francis a Daphné à sa droite. Claudia et Arnaud ne sont pas voisins de Francis.
Qui est immédiatement à droite de Claudia ?

A. Brigitte **B.** Arnaud **C.** Francis **D.** Daphné

f. Trois gobelets retournés contiennent chacun un objet : une carte, une clé et un jeton. Le gobelet mauve est à droite de la clé. Le gobelet jaune est à gauche du gobelet orange. Le gobelet mauve est à gauche du jeton. Le jeton est à droite de la carte.
Sous quel gobelet se trouve la carte ?

A. mauve **B.** jaune **C.** orange **D.** impossible

g. Trouvez le nom de chaque personne ci-dessous, sachant que :
- elles sont côte à côte et face à nous ;
- Floriane n'est pas à une extrémité ;
- Flore n'est pas à côté de Laurianne ;
- Flore a à sa droite Laure ;
- les deux personnes dont les prénoms commencent par un « F » ne sont pas côte à côte.

A	B	C	D

h. Quatre crayons de couleur sont rangés côte à côte dans une boîte. Quel est le seul rangement possible, sachant que :
- le crayon vert (V) ne côtoie ni le rouge (R), ni le bleu (B) ;
- le crayon bleu (B) est à droite du crayon jaune (J).

A. RVBJ **B.** RJVB **C.** VJBR **D.** BJRV

i. Six personnes sont assises en cercle face au centre. Francis est assis entre Daphné et Ernest. Deux personnes séparent Arnaud de Daphné. Arnaud est juste à gauche de Claudia. Qui est à gauche de Béatrice ?

j. Lors d'une course automobile, la voiture bleue arrive juste entre les voitures orange et verte. La voiture blanche n'arrive pas juste avant les voitures orange et verte. Dans le classement, la voiture rose n'est pas avant la voiture verte. La voiture rose arrive après la voiture orange. La voiture mauve arrive juste entre les voitures verte et blanche. La voiture blanche gagne la course. Quelle voiture est arrivée en 4e position ?

Astuce 68 : placements de cartes

Dans les cas de placements de cartes, les cartes présentées ont la même valeur et sont chacune d'une marque différente (pique, cœur, carreau ou trèfle).

Vous commencez par barrer, sous chaque carte, les impossibilités et déduisez au fur et à mesure les positions.

Rappelez-vous :

noire		rouge	
pique ♠	trèfle ♣	carreau ♦	cœur ♥

Exemple : **les quatre cartes ont la même valeur et sont chacune d'une marque différente (pique, cœur, carreau ou trèfle). Trouvez quelle carte correspond à chaque emplacement, sachant que :**
- **le 7 de pique est à droite du 7 de trèfle ;**
- **le 7 de cœur est à gauche du 7 de carreau ;**
- **le 7 de carreau n'est pas le plus à droite ;**
- **ni les 7 rouges, ni les 7 noirs ne sont côte à côte.**

A	B	C	D

✓ Première étape : vous barrez sous chaque carte les impossibilités :

	A	B	C	D
1er indice :	~~♠~~			~~♣~~
2e indice :	~~♦~~			~~♥~~
3e indice :				~~♦~~

✓ Deuxième étape : vous déduisez que le 7 de pique se trouve en D.

✓ Troisième étape : avec le 4e indice, vous déduisez que le 7 de trèfle est en B.

✓ Quatrième étape : de ce fait, le 7 de carreau ne pouvant pas se trouver en A, c'est le 7 de cœur qui s'y trouve et lui se place en C.

A	B	C	D
♥	♣	♦	♠

✓ **Réponse : A = 7 de cœur, B = 7 de trèfle, C = 7 de carreau et D = 7 de pique.**

Conseils

- « **au centre** » signifie en B ou en C.
- « **à une extrémité** » signifie en A ou en D.
- « **à droite** » ne signifie pas « immédiatement à droite ».
- « **il y a une alternance entre les cartes rouges et les cartes noires** » signifie « **rouge-noire-rouge-noire** » ou « **noire-rouge-noire-rouge** ».

Entraînement 3

Pour chacune des questions suivantes, les quatre cartes ont la même valeur et sont chacune d'une marque différente (pique, cœur, carreau ou trèfle). Trouvez quelle carte correspond à chaque emplacement, sachant que :

k. ▪ le 7 de cœur se situe au centre ;
▪ le 7 de carreau n'est pas à une extrémité ;
▪ le 7 de pique est à droite du 7 de carreau ;
▪ le 7 de trèfle ne côtoie pas le 7 de carreau.

A	B	C	D

l. ▪ il y a une alternance entre les cartes rouges et les cartes noires ;
▪ le 8 de pique n'est pas à une extrémité ;
▪ le 8 de pique est à droite du 8 de trèfle ;
▪ le 8 de carreau est placé entre les deux cartes noires.

A	B	C	D

m. ▪ deux cartes rouges ou deux cartes noires ne peuvent se côtoyer ;
▪ le 9 de cœur a pour seul voisin le 9 de trèfle ;
▪ le 9 de carreau n'est pas en troisième position.

A	B	C	D

n. ▪ le 10 de pique ne côtoie ni le 10 de trèfle, ni le 10 de cœur ;
▪ le 10 de trèfle n'est pas à une extrémité ;
▪ le 10 de carreau n'est pas en deuxième position.

A	B	C	D

o. ▪ les deux valets rouges se situent aux extrémités ;
▪ le valet de trèfle n'est pas en deuxième position ;
▪ le valet de cœur est à côté du valet de pique.

A	B	C	D

p. ▪ il n'y a pas d'alternance entre les cartes rouges et les noires ;
▪ la dame de pique n'est pas à une extrémité ;
▪ la dame de cœur et la dame de pique ne se côtoient pas ;
▪ la dame de carreau est plus à gauche que la dame de trèfle.

A	B	C	D

q. ▪ les cartes noires sont en première position ;
▪ le roi de carreau n'a qu'un seul voisin ;
▪ le roi de pique est plus proche du roi de cœur que le roi de trèfle ne l'est.

[A] [B] [C] [D]

r. ▪ les deux as rouges se situent au centre ;
▪ l'as de trèfle est plus à droite que l'as de cœur ;
▪ l'as de carreau n'est pas à côté de l'as de pique.

[A] [B] [C] [D]

Entraînement 4

Résolvez les problèmes suivants :

s. Parmi ces quatre cartes, il y a au moins un 7, un 10 et un as. Trouvez la valeur et la marque de chaque carte :
▪ si la carte B est un as, alors les cartes C et D sont du cœur ;
▪ si la carte C n'est pas un 7, alors la carte D est un 10 et la carte A un trèfle ;
▪ si la carte B n'est pas un as, alors les cartes A et C sont des as ;
▪ si un 7 est entre deux as, c'est un cœur et la carte juste à droite est un cœur aussi ;
▪ si la carte C est un cœur, alors la carte D est un pique.

[A] [B] [C] [D]

t. Indiquez où se trouvent les quatre as et le joker, sachant que :
▪ si l'as de pique n'est pas en A, l'as de coeur est en D ;
▪ si l'as de carreau n'est pas en C, l'as de trèfle est en E ;
▪ si l'as de cœur n'est pas en A, le joker est en C ;
▪ si l'as de carreau côtoie l'as de pique, l'as de coeur n'est pas en D.

[A] [B] [C] [D] [E]

Correction des entraînements

a. Réponse : D. Vous obtenez de la plus lente à la plus rapide : Renée – Agnès – Louise – Manon – Paola, donc Paola est la plus rapide.

b. Réponse : A. Vous obtenez : « épinards > noix » et « lentilles > raisin » et la conclusion doit être : « épinards > raisin ». Le choix A : « lentilles > épinards » ne rend pas le raisonnement correct.

c. Réponse : C. Vous traduisez l'énoncé sous forme de deux inégalités : **L + A < T + M** et **M + F < L + D**.

En additionnant : L + A + M + F < T + M + L + D, puis en simplifiant L et M de chaque côté : **A + F < T + D**. À eux deux, Thomas et Damien sont plus riches que Fabien et André réunis.

d. Réponse : D. Vous traduisez l'énoncé avec des initiales : E > H > V.

Entre le 10e et le 20e km, Edmond et Hugo se sont dépassés 9 fois : H > E > V.

Entre le 20e et le 30e km, Hugo et Victor se sont dépassés 12 fois : H > E > V.

Entre le 30e et le 40e km, Edmond et Victor se sont dépassés 7 fois : H > V > E. Vous obtenez l'inégalité : H > V > E.

e. Réponse : A. Commencez par « Claudia est en face de Flora » :

Puis par « Claudia et Arnaud ne sont pas voisins de Francis » et « Francis a Daphné à sa droite » :

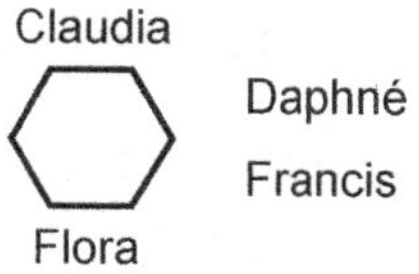

Terminez par « Francis n'est pas en face de Brigitte » :

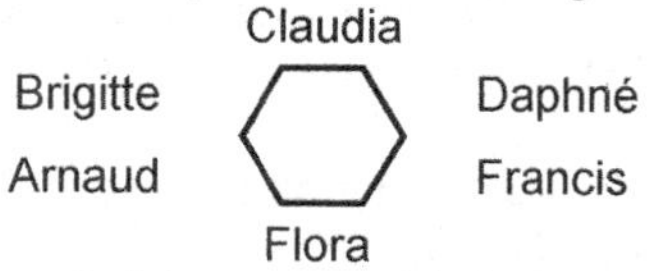

f. Réponse : A. « Le gobelet mauve est à droite de la clé » : la clé n'est donc pas sous le gobet mauve. « Le gobelet mauve est à gauche du jeton » : le jeton n'est donc pas sous le gobet mauve. Par élimination, seule la carte peut être sous le gobet mauve.

g. Réponse : A = Laurianne, B = Floriane, C = Laure et D = Flore.

h. Réponse : C. VJBR.

i. Réponse : Claudia.

j. Réponse : bleue. Vous obtenez :

blanche - mauve - verte - bleue - orange - rose.

k. Réponse : A = 7 de trèfle ; B = 7 de cœur ; C = 7 de carreau et D = 7 de pique.

l. Réponse : A = 8 de trèfle ; B = 8 de carreau ; C = 8 de pique et D = 8 de cœur.

m. Réponse : A = 9 de pique ; B = 9 de carreau ; C = 9 de trèfle et D = 9 de cœur.

n. Réponse : A = 10 de cœur ; B = 10 de trèfle ; C = 10 de carreau et D = 10 de pique.

o. Réponse : A = valet de cœur ; B = valet de pique ; C = valet de trèfle et D = valet de carreau.

p. Réponse : A = dame de cœur ; B = dame de carreau ; C = dame de pique et D = dame de trèfle.

q. Réponse : A = roi de trèfle ; B = roi de pique ; C = roi de cœur et D = roi de carreau.

r. Réponse : A = as de pique ; B = as de cœur ; C = as de carreau et D = as de trèfle.

s. Réponse : A = as de trèfle ; B = 7 de cœur ; C = as de cœur et D = 10 de pique.

Si la carte B est un as, alors C et D sont du ♥ (1er indice), mais si C = ♥, alors D = ♠ (5e indice) : contradiction !

Donc, B ≠ as et alors A et C = as (3e indice). Comme C ≠ 7, alors D = 10 et A = ♣ (2e indice) : comme il y a au moins un 7, ce ne peut qu'être B et comme il est entre deux as, B = 7 de ♥ et C = ♥ (4e indice). Ainsi, D = ♠ (5e indice).

t. Réponse : A = as de pique ; B = as de cœur ; C = joker ; D = as de carreau et E = as de trèfle.

Si A ≠ as de ♠, alors : D = as de ♥ (1er indice) et si A ≠ as de ♥, alors : C = joker (3e indice) et si C ≠ as de ♦ (2e indice) alors : E = as de ♣.

Dans ce cas, A et B sont soit as de ♦, soit as de ♠ et d'après le 4e indice, D ≠ as de ♥ : contradiction !

On suppose donc que : A = as de ♠, alors : C = joker (3e indice) et E = as de ♣ (2e indice).

D'après le 4e indice, vous concluez que : B = as de ♥ et D = as de ♦.

Logigrammes

Certains casse-tête sont appelés logigrammes : ils se présentent sous la forme d'indices donnés dans le désordre qui vous permettent de trouver qui est qui, qui fait quoi, qui est où, à qui appartient quoi, où habite qui, etc. Pour cela, soit une grille de vérité vous est donnée, soit vous devez la construire.

Astuce 69 : logigramme avec grille de vérité

Le but est de remplir un tableau, ou de répondre à des questions, en fonction des indices qui vous sont donnés.

La grille de vérité donnée vous permet de noter les informations déduites. Vous traduirez les indices en écrivant dans la grille de vérité des O (pour Oui) et des N (pour Non). Il faudra constamment aller et venir entre les indices et les conclusions que vous déduirez de la grille.

Exemple : voici quatre femmes : Manon, Noémie, Olivia et Pauline, dont les métiers sont : infirmière, secrétaire, cardiologue et sage-femme et les âges sont : 35, 36, 38 et 39 ans. Vous savez que :

- Noémie, Olivia et la sage-femme pratiquent la danse orientale, alors que la secrétaire pratique le yoga.
- Manon et la cardiologue n'ont pas 38 ans.
- Manon et Pauline vont régulièrement à la piscine, alors que l'infirmière et celle qui a 36 ans n'y vont jamais.
- Parmi Manon, Noémie et la secrétaire, aucune des trois n'est la plus jeune.

À l'aide de la grille de vérité ci-après, remplissez le tableau suivant :

Prénom	Profession	Âge
Manon		
Noémie		
Olivia		
Pauline		

			Professions				Âges			
			A	B	C	D	E	F	G	H
			Infirmière	Secrétaire	Cardiologue	Sage-femme	35	36	38	39
Prénoms	1	Manon								
	2	Noémie								
	3	Olivia								
	4	Pauline								
Âges	5	35								
	6	36								
	7	38								
	8	39								

✓ Le premier indice vous permet de déduire que Noémie et Olivia ne sont ni sage-femme, ni secrétaire, donc vous placez des N en B2, B3, D2 et D3.

✓ Le deuxième indice vous permet de déduire :

- que Manon n'est pas cardiologue et n'a pas 38 ans, donc vous placez des N en C1 et G1 ;
- que la cardiologue n'a pas 38 ans, donc vous placez un N en C7.

✓ Le troisième indice vous permet de déduire :

- que Manon et Pauline ne sont pas infirmières : vous placez des N en A1 et A4 ;
- que Manon et Pauline n'ont pas 36 ans : vous placez des N en F1 et F4 ;
- que l'infirmière n'a pas 36 ans : vous placez un N en A6.

✓ Le quatrième indice vous permet de déduire :

- que Manon et Noémie ne sont pas secrétaires : vous placez des N en B1 et B2 (ce dernier N était déjà placé) ;
- que Manon, Noémie et la secrétaire n'ont pas 35 ans : vous placez des N en E1, E2 et B5.

Astuce 70 : règle des « N »

> Dans un bloc de 4 × 4 cases, si vous avez, horizontalement ou verticalement 3 N, alors vous remplissez la quatrième case d'un O.

- ✓ En utilisant cette règle, vous placez des O en D1, H1 et B4.

Astuce 71 : règle des « O »

> Si vous avez un O dans une case, alors vous placez des N dans les cases qui l'entourent horizontalement et verticalement dans le bloc de 4 × 4 cases.

- ✓ En utilisant cette règle, vous placez des N en C4, D4, H2, H3 et H4.
- ✓ Vous déduisez que Manon la sage-femme, a 39 ans et vous placez un O en D8, puis avec la règle du « O », vous placez des N en D5, D6, D7, A8, B8 et C8.
- ✓ Grâce à la quatrième ligne, vous savez que Pauline n'a ni 36 ans, ni 39 ans. Comme elle est secrétaire, et que cette dernière n'a ni 35 ans, ni 39 ans, vous placez des N en B6 et E4.
- ✓ Beaucoup de déductions s'enchaînent :
  - avec la règle des « N », vous placez des O en B7, C6, E3 et G4 ;
  - avec la règle du « O », vous placez des N en A7, C5, F3, G2 et G3 ;
  - avec la règle des « N », vous placez des O en A5 et F2.
- ✓ Grâce à la deuxième ligne et à la sixième, vous savez que Noémie a 36 ans et que celle qui a 36 ans est cardiologue, donc vous placez un O en C2.
- ✓ Ensuite, avec la règle du « O », vous placez des N en A2 et C3, puis avec la règle des « N », un O en A3.
- ✓ Vous obtenez la grille finale :

			Professions				Âges			
			A	B	C	D	E	F	G	H
			Infirmière	Secrétaire	Cardiologue	Sage-femme	35	36	38	39
Prénoms	1	Manon	N	N	N	O	N	N	N	O
	2	Noémie	N	N	O	N	N	O	N	N
	3	Olivia	O	N	N	N	O	N	N	N
	4	Pauline	N	O	N	N	N	N	O	N
Âges	5	35	O	N	N	N				
	6	36	N	N	O	N				
	7	38	N	O	N	N				
	8	39	N	N	N	O				

✓ **Réponse :**

Prénom	Profession	Âge
Manon	**Sage-femme**	**39**
Noémie	**Cardiologue**	**36**
Olivia	**Infirmière**	**35**
Pauline	**Secrétaire**	**38**

Astuce 72 : construction d'une grille (3 critères)

Si le test comporte trois critères, vous construisez une grille où vous placez :

* verticalement le critère 1 ;
* horizontalement les critères 2 et 3 ;
* verticalement, sous le critère 1, à nouveau le critère 3 (qui se croise avec le critère 2).

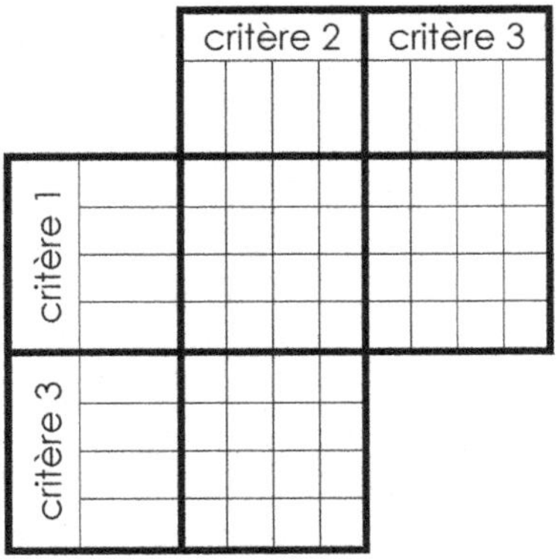

✓ L'exemple précédent traite de trois critères : les prénoms, les professions et les âges. Il faut placer :

- verticalement les prénoms ;
- horizontalement les professions et les âges ;
- verticalement, sous les prénoms, à nouveau les âges (qui se croisent avec les professions).

✓ Vous obtenez la grille :

			Professions				Âges			
			A	B	C	D	E	F	G	H
			Infirmière	Secrétaire	Cardiologue	Sage-femme	35	36	38	39
Prénoms	1	Manon								
	2	Noémie								
	3	Olivia								
	4	Pauline								
Âges	5	35								
	6	36								
	7	38								
	8	39								

Astuce 73 : construction d'une grille (4 critères)

Si le test comporte quatre critères, vous construisez une grille où vous placez :

* verticalement le critère 1 ;
* horizontalement les critères 2, 3 et 4 ;
* verticalement, sous le critère 1, à nouveau le critère 4 (qui se croise avec les critères 2 et 3) ;
* verticalement, sous le critère 4, à nouveau le critère 3 (qui se croise avec le critère 2).

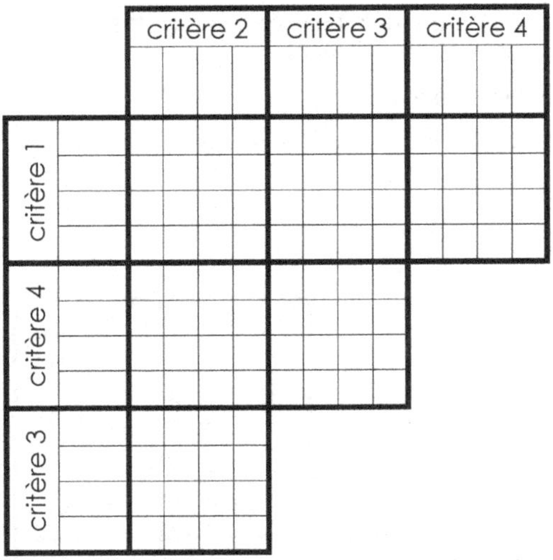

Exemple : le but est de remplir le tableau en fonction des indices qui vous sont donnés. Les quatre adolescents s'appellent Manon, Louise, Nathan et Xavier. Les cadeaux sont une tablette tactile, un parfum, un vélo et un livre. Les âges sont 12, 14, 15 et 17 ans. Les métiers envisagés sont comptable, dentiste, médecin et journaliste.

- L'adolescent(e) à qui on a offert une tablette tactile ne s'appelle pas Xavier, n'a pas 14 ans et ne souhaite pas être journaliste.
- Une adolescente de 17 ans a reçu un livre en cadeau. Elle ne veut être ni dentiste, ni journaliste.
- Louise, qui veut être comptable, a reçu en cadeau un vélo. Elle a plus de 14 ans.
- Louise et Xavier ont un an d'écart et Nathan est le plus jeune.

Prénom	**Cadeau**	**Âge**	**Métier envisagé**
Manon			
Louise			
Nathan			
Xavier			

✓ Ici, le problème traite de quatre critères : les prénoms, les cadeaux, les âges et les métiers. Il faut placer :

- verticalement les prénoms ;
- horizontalement les cadeaux, les âges et les métiers ;
- verticalement, sous les prénoms, à nouveau les métiers (qui se croisent avec les cadeaux et les âges) ;
- verticalement, sous les métiers, à nouveau les âges (qui se croisent avec les cadeaux).

✓ Vous obtenez la grille :

			Cadeaux				Âges				Métiers			
			A	B	C	D	E	F	G	H	I	J	K	L
			Tablette	Parfum	Vélo	Livre	12 ans	14 ans	15 ans	17 ans	Comptable	Dentiste	Médecin	Journaliste
Prénoms	1	Manon												
	2	Louise												
	3	Nathan												
	4	Xavier												
Métiers	5	Comptable												
	6	Dentiste												
	7	Médecin												
	8	Journaliste												
Âges	9	12 ans												
	10	14 ans												
	11	15 ans												
	12	17 ans												

Astuce 74 : arrêt du remplissage d'une grille

> Vous arrêtez de remplir la grille quand vous avez rempli la zone horizontale « critère 1 » ou la zone verticale « critère 2 ».

✓ Le premier indice vous permet de placer des N en A4, A8 et A10.

✓ Le deuxième indice vous permet de déduire :

- que ni Nathan, ni Xavier n'ont 17 ans : vous placez des N en H3 et H4 ;
- que ni Nathan, ni Xavier n'ont reçu un livre : vous placez des N en D3 et D4 ;
- que l'adolescente de 17 ans a reçu un livre : vous placez un O en D12, donc des N en A12, B12, C12, D9, D10 et D11 ;

- que l'adolescente de 17 ans qui a reçu un livre ne veut être ni dentiste, ni journaliste : vous placez des N en D6, D8, H6, H8.

✓ Le troisième indice vous permet de déduire :

- que Louise veut être comptable et a reçu un vélo : vous placez des O en C2, C5 et I2, donc des N en A2, B2, D2, C1, C3, C4, A5, B5, D5, C6, C7, C8, J2, K2, L2, I1, I3 et I4 ;
- que Louise, qui veut être comptable et qui a reçu un vélo, n'a ni 12 ans, ni 14 ans : vous placez des N en E2, F2, E5, F5, C9 et C10.

✓ Le quatrième indice vous permet de déduire :

- que Louise et Xavier n'ont ni 12 ans, ni 17 ans : vous placez des N en H2 et E4 ;
- que Nathan a 12 ans : vous placez un O en E3, donc des N en F3, G3 et E1.

✓ Avec la règle des « N », vous placez des O en B4, D1, G2, H1, B8, D7, B10 et C11.

✓ Avec la règle du « O », vous placez des N en B1, B3, A1, G1, G4, F1, B6, B7, A7, B9, B11 et A11.

✓ Avec la règle des « N », vous placez des O en A3, A6, A9 et F4.

			Cadeaux				Âges				Métiers			
			A	B	C	D	E	F	G	H	I	J	K	L
			Tablette	Parfum	Vélo	Livre	12 ans	14 ans	15 ans	17 ans	Comptable	Dentiste	Médecin	Journaliste
Prénoms	1	Manon	N	N	N	O	N	N	N	O	N			
	2	Louise	N	N	O	N	N	N	O	N	O	N	N	N
	3	Nathan	O	N	N	N	O	N	N	N	N			
	4	Xavier	N	O	N	N	N	O	N	N	N			
Métiers	5	Comptable	N	N	O	N	N	N						
	6	Dentiste	O	N	N	N				N				
	7	Médecin	N	N	N	O								
	8	Journaliste	N	O	N	N				N				
Âges	9	12 ans	O	N	N	N								
	10	14 ans	N	O	N	N								
	11	15 ans	N	N	O	N								
	12	17 ans	N	N	N	O								

✓ **Réponse :**

Prénom	Cadeau	Âge	Métier envisagé
Manon	**Livre**	**17 ans**	**Médecin**
Louise	**Vélo**	**15 ans**	**Comptable**
Nathan	**Tablette**	**12 ans**	**Dentiste**
Xavier	**Parfum**	**14 ans**	**Journaliste**

Entraînement 1

Le but de cet exercice est de répondre aux questions en fonction des indices qui vous sont donnés. La grille de vérité donnée vous permet de noter les informations déduites.

- Bastien, dont le nom de famille n'est pas Clavier, habite Rennes mais ne pratique pas le badminton.
- Robin, dont le nom de famille n'est pas Ménard, ne pratique pas le golf et n'habite pas Nice.
- La personne qui habite Lyon et qui pratique le judo ne s'appelle pas Clavier.
- Antoine Lefort pratique le squash mais il n'est pas l'homme qui habite Lille, lequel ne s'appelle pas Dondel. Aucune de ces deux dernières personnes ne se prénomme Lucas.

			Noms				Villes				Sports			
			A	B	C	D	E	F	G	H	I	J	K	L
			Clavier	Ménard	Lefort	Dondel	Rennes	Nice	Lyon	Lille	Badminton	Golf	Judo	Squash
Prénoms	1	Bastien												
	2	Robin												
	3	Antoine												
	4	Lucas												
Sports	5	Badminton												
	6	Golf												
	7	Judo												
	8	Squash												
Villes	9	Rennes												
	10	Nice												
	11	Lyon												
	12	Lille												

a. Quel est le nom de famille de Robin ?

b. Quel est le prénom de la personne habitant Lyon ?

c. Quel sport pratique Mr Lefort ?

d. Dans quelle ville habite la personne pratiquant le squash ?

e. Quel est le nom de famille de la personne habitant Rennes ?

Entraînement 2

À l'aide des affirmations suivantes, donnez à chacune sa résidence secondaire et l'année d'acquisition.

Céline, Claire, Carine et Catherine passent leurs vacances dans leurs résidences secondaires qui sont : un studio, un duplex, un chalet et un mobil-home.

Chacune d'entre elles avait acheté sa résidence secondaire en 2000, 2001, 2002 et 2003.

- Céline et celle qui passe ses vacances dans un studio avaient acheté leurs résidences secondaires après 2001.
- Claire, Céline, ainsi que celle qui avait acheté sa résidence secondaire en 2002 ont toutes été invitées à Pâques dans le chalet de la quatrième.
- Celle qui avait acheté sa résidence secondaire en 2001 a retrouvé Carine et celle qui possède un chalet dans le mobil-home de leur amie commune.
- Céline, qui ne possède pas de duplex, a acheté sa résidence secondaire après Carine.

f. Quel est le prénom de la personne possédant le duplex ?

Entraînement 3

À l'aide des indices ci-dessous, retrouvez pour chaque personne, son métier, la destination et le mois de son déplacement.

Fabien, Gabin, Harold, Igor et Julien partent tous les cinq en déplacement pour leur travail dans une ville différente, à des dates différentes.

Les destinations sont : Marseille, Toulouse, Lyon, Bordeaux et Dijon.

- Fabien, qui s'est déplacé à Bordeaux, n'est parti ni en juillet, ni en octobre.
- Le cardiologue est parti en juillet, mais pas pour Lyon.
- Igor est parti en août, alors que Julien est parti en juin.
- La personne partie à Dijon en juin, n'est ni neurologue, ni pharmacien.
- Gabin est dentiste.
- Le neurologue est parti à Marseille, ce n'est ni Harold, ni Julien.
- Le pharmacien s'est déplacé en septembre et le chirurgien à Dijon.

g. Quel est le prénom de la personne partie à Marseille ?

h. Quel est le métier de la personne partie à Lyon ?

i. Quel mois s'est déplacée la personne partie à Bordeaux ?

j. Dans quelle ville s'est déplacé le cardiologue ?

k. Quel est le métier de la personne partie en août ?

l. Dans quelle ville s'est déplacée la personne partie en octobre ?

Correction des entraînements

Entraînement 1

- Le premier indice permet de placer des N en A1, A9, E5, I1, un O en E1, donc des N en F1, G1, H1, E2, E3 et E4.
- Le deuxième indice permet de placer des N en B2, F2 et J2.
- Le troisième indice permet de placer des N en A7, A11, un O en G7, donc des N en G5, G6, G8, E7, F7 et H7.
- Le début du quatrième indice permet de placer des O en C3, L3 et C8, donc des N en C1, C2, C4, A3, B3, D3, L1, L2, L4, I3, J3, K3, A8, B8, D8, C5, C6 et C7.

Il permet également de placer des N en H3, H8 et C12.

- Le milieu du quatrième indice « la personne qui habite Lille ne s'appelle pas Dondel » permet de placer un N en D12.
- La fin du quatrième indice « ni la personne habitant Lille, ni Mr Dondel ne se prénomme Lucas » permet de placer des N en D4 et H4.

Voici les déductions qui s'enchaînent :

- Vous placez un O en H2, donc un N en G2.
- Grâce à la ligne 1 et à la colonne E, vous placez des N en C9, K1, E8, donc des O en E6, J1, F8, puis des N en F5, J4, F6, H6 et un O en H5.
- Grâce à la ligne 7 et à la colonne G, vous placez des N en C11, K2, donc des O en C10, I2, K4, puis des N en A10, B10, D10, I4. Puis vous placez un O en A12, donc un N en B12.
- Grâce à la ligne 12 et à la colonne H, vous placez des O en A2, A5, puis des N en A4, A6, B5, D2, D5, donc des O en B4, D1 et un N en B1.
- Grâce à la colonne C, vous placez un O en F3, donc des N en F4, G3, puis un O en G4.

Vous arrêtez de remplir la grille de vérité car la zone horizontale « Prénoms » est complète.

Si vous voulez terminer la grille :

- Grâce aux colonnes D et E, vous placez des O en D6, D9, donc des N en B6, B9, D7, D11 et des O en B7 et B11.

a. Réponse : Clavier.
b. Réponse : Lucas.
c. Réponse : squash.
d. Réponse : Nice.
e. Réponse : Dondel.

Entraînement 2

Vous construisez une grille où vous placez :

- verticalement les prénoms ;
- horizontalement les résidences secondaires et les années ;
- verticalement, sous les prénoms, à nouveau les années (qui se croisent avec les résidences secondaires).

- Le premier indice place des N en A1, E1, F1, A5 et A6.
- Le deuxième indice place des N en G1, G2, C1, C2 et C7.
- Le troisième indice place des N en F3, C3, C6, D3 et D6.
- Le quatrième indice place des N en B1 et H3.
- Avec la règle des « N », vous placez des O en D1, C4, H1, B6, donc des N en D2, D4, A4, B4, H2, H4, B5, B7 et B8.
- Grâce à la ligne 1 et aux colonnes D et H, vous placez un O en D8, donc des N en A8, C8, D5 et D7.
- Avec la règle des « N », vous placez des O en A7 et C5.
- Grâce à la colonne C, vous placez un O en E4, donc des N en E2, E3, F4 et G4.
- Avec la règle des « N », vous placez des O en F2 et G3.
- Grâce aux lignes 6 et 7 et aux colonnes F et G, vous placez des O en B2, A3, donc des N en A2 et B3.

f. Réponse : Claire.

			Résidences				Années			
			A	B	C	D	E	F	G	H
			Studio	Duplex	Chalet	Mobil-home	2000	2001	2002	2003
Prénoms	1	Céline	N	N	N	O	N	N	N	O
	2	Claire	N	O	N	N	N	O	N	N
	3	Carine	O	N	N	N	N	N	O	N
	4	Catherine	N	N	O	N	O	N	N	N
Années	5	2000	N	N	O	N				
	6	2001	N	O	N	N				
	7	2002	O	N	N	N				
	8	2003	N	N	N	O				

Entraînement 3

Vous construisez une grille où vous placez :

- verticalement les prénoms ;
- horizontalement les métiers, les villes et les dates ;
- verticalement, sous les prénoms, à nouveau les dates (qui se croisent avec les métiers et les villes) ;
- verticalement, sous les dates, à nouveau les villes (qui se croisent avec les métiers).

▪ Le premier indice place des N en L1, O1, I7, I10, un O en I1, donc des N en F1, G1, H1, J1, I2, I3, I4 et I5.

▪ Le deuxième indice place un N en C13, un O en C7, donc des N en A7, B7, D7, E7, C6, C8, C9 et C10.

▪ Le troisième indice place des O en K5, M4, donc des N en K1, K2, K3, K4, L4, N4, O4, L5, M5, N5, O5, M1, M2 et M3.

▪ Le quatrième indice place des N en A6, D6, A15, D15, un O en J6, donc des N en F6, G6, H6, I6, J7, J8, J9 et J10.

▪ Le cinquième indice place un O en B2, donc des N en A2, C2, D2, E2, B1, B3, B4 et B5.

▪ Le sixième indice place des N en D3, D5, F3, F5, un O en D11, donc des N en A11, B11, C11, E11, D12, D13 et D14.

▪ Le septième indice place des O en A9, E15, donc des N en A8, A10, B9, D9, E9, B15, C15, E12, E13 et E14.

▪ Avec la règle des « N », vous placez un O en N1, donc des N en N2 et N3.

▪ Grâce à la ligne 2 et à la colonne B, vous placez des N en L2, B6, B8, B14, F2, J2, puis des O en B10, L3, O2, F4, E6, donc des N en D10, E10, O3, G4, H4, J4, E8, puis un O en D8.

▪ Grâce aux blocs « Prénoms / Dates » et « Dates / Métiers », vous placez des O en A1, C3, D4, E5, donc des N en C1, D1, E1, A3, E3, A4, C4, E4, A5 et C5.

▪ Grâce aux colonnes D et E, vous placez des O en F8, J5, donc des N en G5, H5, J3, F7, F9, F10, G8, H8, I8, puis un O en I9, donc des N en G9 et H9.

▪ Grâce à la ligne 3 et à la colonne C, vous placez des N en H3, C14, donc des O en C12, G3, G7, H2, A14, des N en A12, B12, G2, G10, A13, H7, puis des O en B13 et H10.

			Métiers					Villes					Dates				
			A	B	C	D	E	F	G	H	I	J	K	L	M	N	O
			Pharmacien	Dentiste	Cardiologue	Neurologue	Chirurgien	Marseille	Toulouse	Lyon	Bordeaux	Dijon	Juin	Juillet	Août	Septembre	Octobre
Prénoms	1	Fabien	O	N	N	N	N	N	N	N	O	N	N	N	N	O	N
	2	Gabin	N	O	N	N	N	N	N	O	N	N	N	N	N	N	O
	3	Harold	N	N	O	N	N	N	O	N	N	N	N	O	N	N	N
	4	Igor	N	N	N	O	N	O	N	N	N	N	N	N	O	N	N
	5	Julien	N	N	N	N	O	N	N	N	N	O	O	N	N	N	N
Dates	6	Juin	N	N	N	N	O	N	N	N	N	O					
	7	Juillet	N	N	O	N	N	N	O	N	N	N					
	8	Août	N	N	N	O	N	O	N	N	N	N					
	9	Septembre	O	N	N	N	N	N	N	N	O	N					
	10	Octobre	N	O	N	N	N	N	N	O	N	N					
Villes	11	Marseille	N	N	N	O	N										
	12	Toulouse	N	N	O	N	N										
	13	Lyon	N	O	N	N	N										
	14	Bordeaux	O	N	N	N	N										
	15	Dijon	N	N	N	N	O										

g. Réponse : Igor.
h. Réponse : dentiste.
i. Réponse : septembre.
j. Réponse : Toulouse.
k. Réponse : neurologue.
l. Réponse : Lyon.

Diagrammes, tableaux, arbres

Ces énoncés abordent des questions d'organisation et de planification. Ils vous confrontent à la gestion d'un grand nombre d'informations éparpillées que vous devez restituer dans un ordre cohérent afin de remplir un tableau prévisionnel, un emploi du temps, un plan, voire de répondre à des questions. Ils mesurent votre adaptabilité, votre persévérance et votre faculté à résoudre des situations complexes.

Astuce 75 : sondages

Lors de questions abordant les sondages, études ou enquêtes auprès d'un échantillon de personnes, étudiants, adolescents…, qui lisent plusieurs sortes différentes de revues, parlent plusieurs langues, possèdent plusieurs types d'objets, pratiquent plusieurs sports…, il vous est conseillé de réaliser un diagramme afin de résoudre le problème proposé.

Exemple : lors d'un sondage auprès d'un échantillon de 100 adolescents, on a obtenu les résultats :

- **30 adolescents parlent l'espagnol ;**
- **50 adolescents parlent l'italien ;**
- **90 adolescents parlent l'anglais ;**
- **15 adolescents parlent l'espagnol et l'italien ;**
- **50 adolescents parlent l'anglais et ne parlent pas l'italien ;**
- **10 adolescents parlent les trois langues.**

Donnez les propositions correctes.

A. 5 adolescents ne parlent que l'italien.
B. 50 adolescents parlent exactement deux langues.
C. 5 adolescents parlent l'italien et ne parlent pas l'anglais.
D. Aucun adolescent ne parle aucune des trois langues.

✓ Vous construisez trois ensembles dans votre échantillon de 100 adolescents.

✓ L'ensemble des adolescents parlant l'anglais est composé de quatre parties : A (adolescents ne parlant que l'anglais), D (adolescents parlant uniquement l'anglais et l'italien), F (adolescents parlant uniquement l'anglais et l'espagnol) et G (adolescents parlant les trois langues).

- ✓ Vous procédez de même pour les deux autres ensembles.
- ✓ De plus, H représente l'ensemble des adolescents de l'échantillon ne parlant aucune des trois langues.

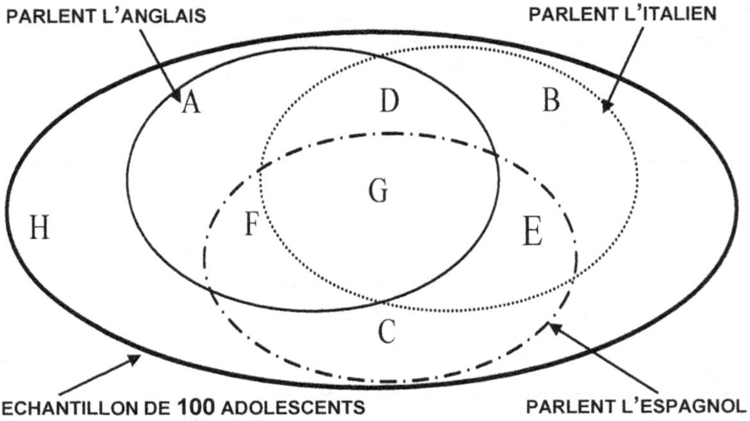

- ✓ Vous pouvez écrire le système suivant :

$$\begin{cases} A + B + C + D + E + F + G + H = 100 \\ A + D + F + G = 90 \\ B + D + E + G = 50 \\ C + E + F + G = 30 \\ E + G = 15 \\ A + F = 50 \\ G = 10 \end{cases} \longrightarrow \begin{cases} G = 10 \\ E = 5 \\ A + F = 50 \\ D + G + 50 = 90, \text{ donc : } D + G = 40 \\ B + D + 15 = 50, \text{ donc : } B + D = 35 \\ C + F + 15 = 30, \text{ donc : } C + F = 15 \\ 50 + 50 + C + H = 100 \end{cases}$$

$$\begin{cases} G = 10 \\ E = 5 \\ C + H = 0, \text{ donc : } C = H = 0 \\ D + G = 40, \text{ donc : } D = 30 \\ B + D = 35, \text{ donc : } B = 5 \\ C + F = 15, \text{ donc : } F = 15 \\ A + F = 50, \text{ donc : } A = 35 \end{cases}$$

Choix A : Vrai, car : B = 5.
Choix B : Vrai, car : D + E + F = 50 adolescents parlent exactement deux langues.
Choix C : Faux, car : B + E = 10 adolescents parlent l'italien et pas l'anglais.
Choix D : Vrai, car : H = 0 adolescent ne parle aucune des trois langues.

- ✓ **Réponses : A, B et D.**

Entraînement 1

Résolvez les problèmes suivants :

a. Parmi 80 sportifs, 32 pratiquent l'aviron, 44 pratiquent le badminton et 20 pratiquent les deux sports. Combien de sportifs ne pratiquent ni l'un ni l'autre ?

A. 12 **B.** 24 **C.** 30 **D.** 36

b. Lors d'un sondage sur 60 hommes, 34 déclarent lire la revue sur le football, 42 celle sur les voitures et certains lisent les deux revues. Combien ne lisent que la revue sur le football ?

A. 12 **B.** 16 **C.** 18 **D.** 20

c. Dans une clinique de 95 résidents, 48 prennent des antibiotiques, 51 des bêtabloquants, 43 des calmants, 23 des antibiotiques et des bêtabloquants, 17 des antibiotiques et des calmants, 14 des bêtabloquants et des calmants et 6 prennent les trois sortes de médicament. Combien de résident(s) ne prennent aucun des trois médicaments ?

d. Dans une maison de retraite, on interroge les résidents pour connaître leur(s) entrée(s) au déjeuner : 21 résidents prennent des asperges, 33 du melon, 16 du jambon, 22 de la pizza, 6 mangent des asperges et du melon, 3 du melon et du jambon, 4 du jambon et de la pizza, 5 du melon et de la pizza et 1 résident prend du melon, du jambon et de la pizza. Quel est le nombre de résidents qui ne prennent qu'une seule entrée ?

Astuce 76 : plannings

Concernant les plannings, à partir d'un ensemble d'indices donnés dans le désordre, vous devez remplir un tableau : emploi du temps, tableau prévisionnel, plan de table, menu, etc.

Les informations données vous permettent de remplir petit à petit le tableau en respectant les diverses contraintes : positions des personnes, capacités d'accueil des salles, noms des personnes travaillant en binôme, etc.

Exemple : **dans un service, cinq personnes doivent partir en vacances entre le 1er juin et le 31 octobre. Chaque personne doit prendre quatre semaines non consécutives. Chaque semaine, un seul employé est absent et chaque mois, il n'y a pas plus de deux personnes en congés.**

▪ Valérie part en vacances les deux premières semaines de juin.

▪ Wladimir part en vacances les trois premières semaines de juillet juste après Xavier et juste avant Yann.

▪ Wladimir et Yann partent en vacances en octobre.

▪ Xavier prend deux semaines de congés en septembre juste après Valérie.

▪ Yann prend toujours ses congés juste avant ou juste après Zoé.

Complétez le planning :

	JUIN	JUILLET	AOUT	SEPTEMBRE	OCTOBRE
SEMAINE 1					
SEMAINE 2					
SEMAINE 3					
SEMAINE 4					

✓ Les deux premiers indices permettent de trouver la répartition de juin (Valérie : deux semaines puis Xavier deux semaines) et juillet (Wladimir : trois semaines puis Yann : une semaine).

✓ Le troisième indice permet de situer Yann et Wladimir en octobre, mais grâce au dernier indice, c'est Yann qui part les trois premières semaines d'octobre, Wladimir part la dernière semaine d'octobre.

✓ Le quatrième indice permet de placer Xavier les deux premières semaines de septembre et Valérie les deux dernières semaines d'août.

✓ Finalement, vous placez Zoé les deux premières semaines d'août et les deux dernières semaines de septembre.

✓ **Réponse :**

	JUIN	JUILLET	AOUT	SEPTEMBRE	OCTOBRE
SEMAINE 1	**Valérie**	**Wladimir**	**Zoé**	**Xavier**	**Yann**
SEMAINE 2	**Valérie**	**Wladimir**	**Zoé**	**Xavier**	**Yann**
SEMAINE 3	**Xavier**	**Wladimir**	**Valérie**	**Zoé**	**Yann**
SEMAINE 4	**Xavier**	**Yann**	**Valérie**	**Zoé**	**Wladimir**

Astuce 77 : liens de parenté/arbre généalogique

Dans des questions concernant les liens de parenté, vous pouvez réaliser un arbre généalogique.

Famille :	ensemble de personnes ayant un lien de parenté.		
Fratrie :	frères et sœurs issus d'une même famille.		
Fratrie de 3 enfants :	aîné : le plus agé ;	cadet : le deuxième ;	benjamin : le plus jeune
Grands-parents :	père et mère du père ainsi que père et mère de la mère.		
Petit-enfant :	fils ou fille du fils ou de la fille.		
Demi-frère/demi-sœur :	frère/sœur seulement par le père ou par la mère.		
Oncle :	frère du père ou de la mère ou mari de la tante.		
Tante :	sœur du père ou de la mère ou femme de l'oncle.		
Grand oncle :	frère (ou mari de la sœur) du grand-père ou de la grand-mère.		
Grand tante :	sœur (ou femme du frère) du grand-père ou de la grand-mère.		
Cousin/cousine :	parent issu de l'oncle ou de la tante.		
Cousin(e) germain(e) :	fils(fille) du frère ou de la sœur du père ou de la mère.		
Neveu/nièce :	fils/fille du frère ou de la sœur.		
Petit-neveu/petite-nièce :	fils/fille du neveu ou de la nièce.		
Beau frère/belle sœur :	frère/sœur du mari ou de la femme ou mari/femme d'une sœur ou d'un frère.		
Beaux-parents :	parents du conjoint.		
Beau-fils :	fils né d'un premier mariage de la personne que l'on épouse ou mari d'une fille (appelé également gendre).		
Belle-fille :	fille née d'un premier mariage de la personne que l'on épouse ou femme d'un fils (appelée également bru).		

Exemple : Qui est le frère de la grand-mère du fils de la sœur de mon père ?

A. Le père de la sœur de mon père.
B. L'oncle de la fille da ma tante.
C. Mon grand-oncle.
D. Le grand-père du neveu de mon père.
E. Aucune réponse ne convient.

✓ La sœur de mon père est ma tante ; son fils est mon cousin.

✓ La grand-mère de mon cousin est ma grand-mère également, donc son frère est mon grand-oncle.

✓ **Réponse : C.**

Entraînement 3

Résolvez les problèmes suivants :

e. Vous devez établir l'emploi du temps du personnel d'un service. Entourez les initiales des personnes au travail et barrez les autres.
Le service fonctionne du lundi 7 h au vendredi 19 h.
Il faut trois personnes en permanence par plage horaire, et chacune d'elles fera exactement 30 heures, à effectuer en cinq fois six heures. Voici les préférences de chacune : comment est-il possible de satisfaire tout le monde ?
▪ Aurélie souhaite travailler le mercredi après-midi et pour le reste elle s'en moque.
▪ Béatrice souhaite ne pas travailler deux jours de suite et surtout pas le vendredi après-midi.
▪ Clothilde souhaite ne pas travailler les lundis.
▪ Danièle souhaite ne travailler que les matinées.
▪ Éléonore souhaite travailler 30 heures qui se suivent.
▪ Fabiola souhaite travailler en fin de semaine mais pas le mercredi matin.

	7 h - 13 h						**13 h - 19 h**					
LUNDI	A	B	C	D	E	F	A	B	C	D	E	F
MARDI	A	B	C	D	E	F	A	B	C	D	E	F
MERCREDI	A	B	C	D	E	F	A	B	C	D	E	F
JEUDI	A	B	C	D	E	F	A	B	C	D	E	F
VENDREDI	A	B	C	D	E	F	A	B	C	D	E	F

f. Soit quatre personnes : Alexandra, Claudia, Virgile et Salomé. On sait que :
- Salomé est la petite fille de Virgile ;
- Claudia est la fille de Virgile ;
- Virgile n'a que deux filles ;
- Salomé n'est pas la fille de Claudia ;
- Virgile est le père d'Alexandra.

Quelle est l'affirmation fausse ?

A. Alexandra est la mère de Salomé.

B. Salomé est la sœur de Claudia.

C. Salomé est la fille d'Alexandra.

D. Claudia est la sœur d'Alexandra.

g. L'une des filles de Didier se prénomme Sandrine. Didier a deux petits-enfants : Marion et Charles. Sandrine est la mère de Marion. Une des phrases suivantes ne peut pas être déduite des informations ci-dessus. Laquelle ?

A. Sandrine peut être la tante de Charles.

B. L'épouse de Didier est la grand-mère de Charles.

C. Sandrine est la mère de Charles.

D. Charles et Marion sont, soit frère et sœur, soit cousin et cousine.

Correction des entraînements

a. Réponse : B.

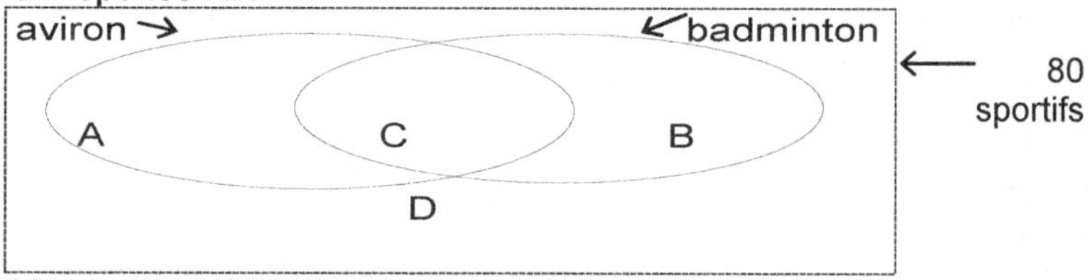

Vous pouvez écrire le système suivant :

$$\begin{cases} A + B + C + D = 80 \\ C = 20 \\ A + C = 32 \\ B + C = 44 \end{cases} \longrightarrow \begin{cases} C = 20 \\ A + B + D = 60 \\ B + 20 = 44, \text{ donc : } B = 24 \\ A + 20 = 32, \text{ donc : } A = 12 \\ 36 + D = 60, \text{ donc : } \mathbf{D = 24} \end{cases}$$

b. Réponse : C.

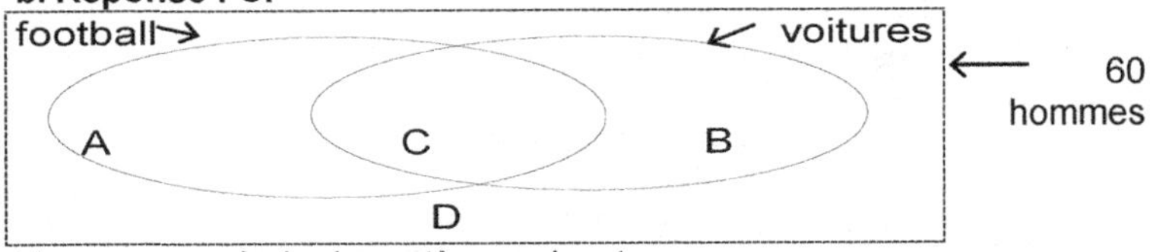

Vous pouvez écrire le système suivant :

$$\begin{cases} A + B + C + D = 60 \\ D = 0 \\ A + C = 34 \\ B + C = 42 \end{cases} \longrightarrow \begin{cases} D = 0 \\ A + B + C = 60 \\ B + 34 = 60, \text{ donc : } B = 26 \\ A + 42 = 60, \text{ donc : } \mathbf{A = 18} \end{cases}$$

c. Réponse : 1.

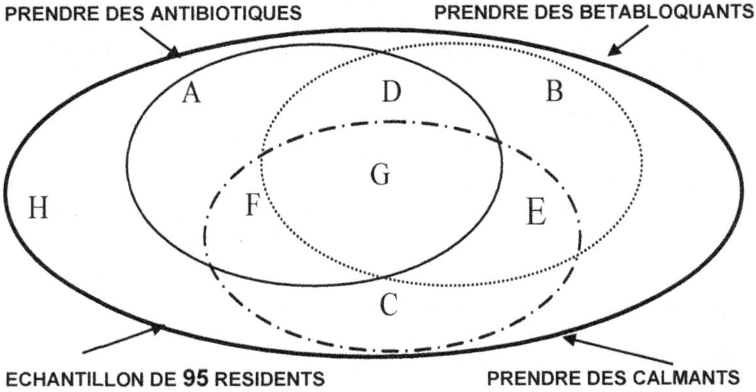

Vous pouvez écrire le système suivant :

$$\begin{cases} A + B + C + D + E + F + G + H = 95 \\ A + D + F + G = 48 \\ B + D + E + G = 51 \\ C + E + F + G = 43 \\ D + G = 23 \\ E + G = 14 \\ F + G = 17 \\ G = 6 \end{cases} \longrightarrow \begin{cases} G = 6 \\ F = 11 \\ E = 8 \\ D = 17 \\ C + 25 = 43, \text{ donc : } C = 18 \\ B + 31 = 51, \text{ donc : } B = 20 \\ A + 34 = 48, \text{ donc : } A = 14 \\ 94 + H = 95, \text{ donc : } \mathbf{H = 1} \end{cases}$$

d. Réponse : 59. Somme des éléments des espaces F, G, H et I. Avec les données, vous réalisez un diagramme de 4 ensembles pour les 4 entrées avec des intersections représentant les résidents prenant plusieurs entrées. Vous calculez les effectifs de chaque espace :

Espace	Uniquement	Effectif
A	melon et jambon et pizza	1
B	melon et jambon	2 (3 – 1)
C	jambon et pizza	3 (4 – 1)
D	melon et pizza	4 (5 – 1)
E	asperges et melon	6
F	melon	20 (33 – 2 – 1 – 4 – 6)
G	asperges	15 (21 – 6)
H	pizza	14 (22 – 3 – 1 – 4)
I	jambon	10 (16 – 3 – 1 – 2)

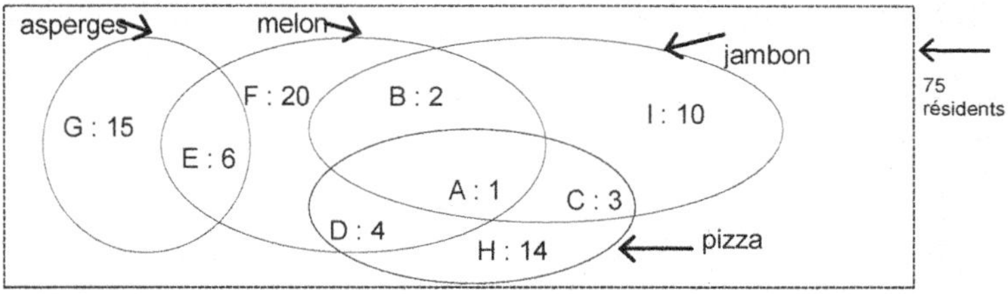

e. Réponse :

	7 h - 13 h						13 h - 19 h					
LUNDI	~~A~~	B	~~C~~	D	E	~~F~~	A	B	~~C~~	~~D~~	E	~~F~~
MARDI	~~A~~	~~B~~	C	D	E	~~F~~	A	~~B~~	C	~~D~~	E	~~F~~
MERCREDI	~~A~~	B	~~C~~	D	E	~~F~~	A	B	~~C~~	~~D~~	~~E~~	F
JEUDI	~~A~~	~~B~~	C	D	~~E~~	F	A	~~B~~	C	~~D~~	~~E~~	F
VENDREDI	~~A~~	B	~~C~~	D	~~E~~	F	A	~~B~~	C	~~D~~	~~E~~	F

Vous commencez par placer Danièle les cinq matinées.
Ensuite, vous placez Béatrice le lundi de 7 h à 19 h, le mercredi de 7 h à 19 h et le vendredi de 7 h à 13 h. Puis, vous placez Fabiola du mercredi 13 h au vendredi 19 h. Aurélie souhaite travailler le mercredi de 13 h à 19 h. La plage horaire du mercredi après-midi de 13 h à 19 h est donc occupée par Aurélie, Béatrice et Fabiola. Comme Éléonore souhaite travailler 30 heures qui se suivent, on ne peut plus la placer que du lundi 7 h au mercredi 13 h. Comme Clothilde souhaite ne pas travailler les lundis, c'est Aurélie qui travaille le lundi de 13 h à 19 h.
Il ne reste donc de libres que les plages horaires du mardi, du jeudi et du vendredi après-midi et pour les après-midi de ces jours-là, il manque deux personnes donc on place Aurélie et Clothilde les mardi, jeudi et vendredi après-midi. Finalement, il ne manque plus que deux plages horaires à Clothilde : le mardi et le jeudi de 7 h à 13 h.

f. Réponse : B. Salomé est la nièce de Claudia.

g. Réponse : C. Sandrine peut être soit la mère de Charles, soit sa tante.

Damiers à remplir

Astuce 78 : remplir avec des 0 et des 1

Le but est de remplir la grille avec les chiffres 0 ou 1 de façon à ce que chaque ligne et chaque colonne contiennent autant de 0 que de 1.

Vous ne pouvez pas placer plus de deux « 0 » ou de « 1 » l'un à côté de l'autre ou l'un en dessous de l'autre.

Les lignes ou les colonnes identiques sont interdites.

Exemple :

	0		1	0	
	0	0			1
1		0			
0			1		1

- ✓ Vous commencez par placer un 1 entre les deux 0 de la 2e colonne et un 1 entre les deux 0 de la 3e colonne.
- ✓ Ensuite, sur la 3e ligne, vous placez des 1 de part et d'autre du couple « 0 0 » et un 0 entre les deux 1 de droite. Sur la 4e colonne, il manque trois 0.
- ✓ Sur la 6e ligne, vous placez un 0 entre les deux 1. Sur la 5e ligne, vous placez des 1 de part et d'autre du couple « 0 0 » et donc il manque un 0 tout à droite.
- ✓ Sur la 5e colonne, il manque deux 1. Sur la 1re colonne, vous placez un 0 entre les deux 1. La 2e colonne et la 5e ne pouvant être identiques, vous placez un 0, puis un 1. Vous terminez facilement.
- ✓ **Réponse :**

1	0	1	1	0	0
0	1	1	0	1	0
1	0	0	1	0	1
0	0	1	0	1	1
1	1	0	0	1	0
0	1	0	1	0	1

Astuce 79 : flotte de bateaux

Une flotte est cachée sur une grille. Les bateaux qui la composent sont constitués de plusieurs éléments (de une à quatre cases), occupant des places différentes. Ces navires sont placés horizontalement ou verticalement et ne se touchent pas, même en diagonale. Les chiffres vous indiquent combien de cases de la ligne ou de la colonne sont occupées par des éléments de bateaux. Une case marquée du signe ≈ ne comporte que de l'eau.

Exemple :

	4	0	2	2	3
3					
1					
4					
1					
2				≈	

Navires :

1 cuirassé (4 cases)
1 croiseur (3 cases)
1 torpilleur (2 cases)
2 sous-marins (1 case)

- ✓ Vous commencez par placer des ≈ sur la 2e colonne, puis des █ sur la 3e ligne. Comme les navires ne se touchent pas, vous placez des ≈ autour du croiseur, puis un █ sur les 2e et 4e lignes, puis un █ sur la 4e colonne.
- ✓ Vous placez des █ sur les 1re et 5e cases de la 5e colonne.
- ✓ Sur la 3e colonne, vous placez un ≈ sur la 1re case et un █ sur la 5e.
- ✓ Sur la 1re colonne, vous placez le cuirassé et un ≈.
- ✓ **Réponse :**

	4	0	2	2	3
3	█	≈	≈	█	█
1	█	≈	≈	≈	≈
4	█	≈	█	█	█
1	█	≈	≈	≈	≈
2	≈	≈	█	≈	█

Astuce 80 : empilements de casiers

Une grille carrée représente la réserve d'un commerçant occupée par des empilements de casiers.
Chaque ligne et chaque colonne de cette grille sont occupées par des empilements possédant un nombre de casiers différents allant de 1 à N, N étant la taille de la grille. Pour une grille 4 × 4, chaque ligne et chaque colonne doivent contenir les chiffres 1, 2, 3 et 4.
Des indices à l'extérieur de la grille indiquent le nombre d'empilements vus de ce point de vue (un empilement cache derrière lui tous les empilements plus petits). Le but est de trouver la disposition des empilements.

Exemple : complétez les empilements de casiers suivants.

	1	3	2	4	
1					3
3					2
2					2
2					1
	2	2	2	1	

- ✓ Un indice **1** implique d'avoir le plus grand empilement en 1re position sur cette ligne ou colonne : vous placez un **4** sur la 1re ligne.
- ✓ Un indice **N** (ici, N = 4) implique de voir tous les empilements : vous placez **1, 2, 3 et 4** sur la 4e colonne.
- ✓ En face d'un indice **3**, l'empilement de 4 casiers ne peut pas se trouver dans les deux premières cases : sur la 2e ligne et sur la 2e colonne, vous placez des **4** en 3e position.
- ✓ Vous déduisez la 2e ligne : **1, 3, 4, 2**, puis la 2e colonne : **2, 3, 4, 1**. Vous terminez facilement.
- ✓ **Réponse :**

	1	3	2	4	
1	**4**	**2**	**3**	**1**	3
3	**1**	**3**	**4**	**2**	2
2	**2**	**4**	**1**	**3**	2
2	**3**	**1**	**2**	**4**	1
	2	2	2	1	

Entraînement 1

Remplissez avec des 0 et des 1 :

a.

1		0	0			0	
					1		
							1
	1			1			1
			0		0		
	1				0		
	1						0
			0				

b.

0	0						
					0		1
	0			1	0		
				1			
		1				0	1
		1	1				
							1
			1		0		

c.

				0	0			1	
		0				1			1
		0							1
	1							0	
1					0		0		
		1							0
	0			1					
1			0		1			0	0
1		1			0				
	1			1					0

d.

	0		0				1		
1				1					
	0		0						
		1			1			0	
			0				1		
1			0		0				
		1					0		0
		0	1					1	
1						0			
1		0							1

Entraînement 2

Complétez les flottes suivantes.

e.

	3	2	3	1	1		1	4
4								
0								
4			≈					
1								
1								≈
3								
3								
4								

Navires :

1 cuirassé (4 cases)
3 croiseurs (3 cases)
3 torpilleurs (2 cases)
1 sous-marin (1 case)

f.

		1	2	0	2	4	2	2
1			≈			≈		≈
3								
0								
5		≈						
0								
1								
3								

Navires :

1 cuirassé (4 cases)
1 croiseur (3 cases)
3 torpilleurs (2 cases)
3 sous-marin (1 case)

Entraînement 3

Complétez les empilements de casiers suivants.

g.

	2	3	2	1	
2					1
2					2
1					4
2					3
	2	1	2	3	

h.

	3	2	2	1	
4					1
2					2
1					4
2					2
	2	3	1	3	

i.

2					1
2					2

j.

			2		
3					
1					
		3		3	

Dans cette variante, l'indice à l'extérieur de la grille indique si, à partir d'un point de vue, un empilement donné est visible (chiffre écrit) ou non (chiffre barré).

k.

					2
3					~~2~~
1					
3					
			3		

l.

		2		1	
			~~2~~		

Astuce 81 : futoshiki

> Sur une grille carrée de N × N cases, les nombres allant de 1 à N doivent être placés dans chaque ligne et chaque colonne, sans aucune répétition.
>
> Les signes « > : plus grand que » ou « < : plus petit que » entre les cases doivent obligatoirement être respectés.

Exemple : complétez les futoshikis suivants.

	3		<	
		∧		∨
		1		

- ✓ À l'intersection de la 1ᵉ ligne et de la 3ᵉ colonne, vous placez 2.
- ✓ Vous remplissez la 1ᵉ ligne : 1 - 3 - 2 - 4.
- ✓ Vous remplissez la 3ᵉ colonne : 2 - 3 - 4 - 1.
- ✓ Vous remplissez la 4ᵉ colonne : 4 - 2 - 1 - 3.
- ✓ Vous remplissez la 2ᵉ ligne : 4 - 1 - 3 - 2. Vous terminez facilement.
- ✓ **Réponse :**

1	3	2	<	4
4	1	3		2
		∧		∨
3	2	4		1
2	4	1		3

Astuce 82 : additions croisées

> Vous devez compléter la grille avec des chiffres allant de 1 à 9, afin d'avoir les sommes indiquées au bout de chaque ligne et de chaque colonne.
>
> Chaque chiffre ne peut être utilisé qu'une seule fois dans chaque jeu.

Exemple : complétez les additions croisées suivantes.

6	+	□	+	□	=	18
+		+		+		
□	+	1	+	□	=	13
+		+		+		
9	+	□	+	2	=	14
=		=		=		
19		9		17		

✓ Ici, les chiffres présents sont 1, 2, 6 et 9 : il reste donc à placer les chiffres : 3, 4, 5, 7 et 8.

✓ Vous commencez par la 1re colonne : vous trouvez 4 (19 – 9 - 6), sur la 3e ligne, 3 (14 – 9 – 2), sur la 2e ligne, 8 (13 – 4 – 1), sur la 3e colonne, 7 (17 – 8 – 2) et sur la 1re ligne, 5 (18 – 6 – 7).

✓ **Réponse :**

6	+	5	+	7	=	18
+		+		+		
4	+	1	+	8	=	13
+		+		+		
9	+	3	+	2	=	14
=		=		=		
19		9		17		

Entraînement 4

Complétez les futoshikis suivants (les chiffres de 1 à 5 doivent être placés).

m.

□		□		□		4		□
□	>	□		□		□		□
		∨				∧		
□		□		□		□		5
∧								
□		□	<	□		3		□
□		□		□		□		1

n.

□		□		5		2		□
								∧
□		□		□		□		□
								∧
1		□		□		□		□
□		□	>	□		4		2
3		□	<	□		□		□

Dans cette variante, la présence du symbole ✶ entre deux cases adjacentes signifie que les deux entiers à l'intérieur sont consécutifs et son absence signifie que les deux entiers ne sont pas consécutifs (les chiffres de 1 à 6 doivent être placés).

o.

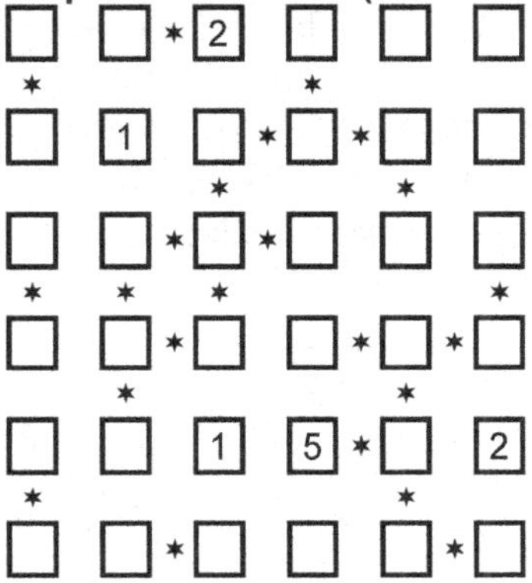

p.

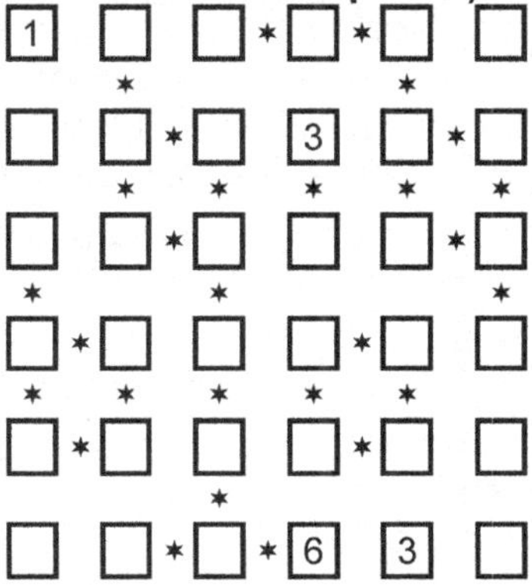

Entraînement 5

Complétez les additions croisées suivantes.

q.

□	+	7	+	□	=	18
+		+		+		
□	+	□	+	□	=	11
+		+		+		
□	+	□	+	1	=	16
=		=		=		
19		20		6		

r.

□	+	□	+	8	=	13
+		+		+		
□	+	□	+	□	=	12
+		+		+		
□	+	6	+	□	=	20
=		=		=		
12		13		20		

s.

□	+	7	+	□	=	19
+		+		+		
□	+	□	+	□	=	15
+		+		+		
□	+	□	+	□	=	10
=		=		=		
14		15		16		

t.

□	+	□	+	□	=	14
+		+		÷		
□	+	□	+	□	=	12
+		+		+		
□	+	□	+	□	=	19
=		=		=		
14		12		19		

Astuce 83 : cases à noircir

Le but est de noircir certaines des cases d'un damier. Plusieurs informations sont disposées en tête de chaque ligne et de chaque colonne. Chaque chiffre indique le nombre de cases consécutives à noircir dans la ligne ou la colonne. En utilisant toutes les informations, vous devez trouver la solution, le plus souvent unique, de la grille.

Vous devez toujours commencer par exploiter les informations les plus pertinentes :

✱ « 0 » ;

✱ « 3 » ou « 1.1 » pour une ligne ou une colonne de trois cases ;

✱ « 4 », « 1.2 » ou « 2.1 » pour une ligne ou une colonne de quatre cases ;

✱ « 5 », « 3.1 », « 1.3 », « 2.2 », ou « 1.1.1 » pour une ligne ou une colonne de cinq cases.

Les chiffres sont toujours donnés dans l'ordre : « 2.1 » ne donne pas la même disposition que « 1.2 », idem pour « 3.1 » et « 1.3 » ou « 3.2 » et « 2.3 ».

L'espace blanc entre les cases noires peut contenir une, deux, trois… cases blanches.

Une ligne, ou une colonne, peut commencer par un espace blanc.

Exemple : noircissez les cases selon les indications données.

	1 2	2	1 1	1 1
1.1				
2				
2.1				
1.1				

ou

L1 : 1.1	C1 : 1.2
L2 : 2	C2 : 2
L3 : 2.1	C3 : 1.1
L4 : 1.1	C4 : 1.1

✓ Vous commencez par les indices « L3 : 2.1 » et « C1 : 1.2 », qui ne laissent aucun doute sur la répartition des cases à noircir.

✓ Certaines cases vont rester blanches.

✓ Ensuite, vous exploitez les autres indices : « C4 : 1.1 » pour noircir la 1re case de la 4e colonne, « L4 : 1.1 » pour noircir la 3e case de la 4e ligne et « L2 : 2 » pour noircir la 2e case et la 3e case de la 2e ligne.

✓ **Réponse :**

Entraînement 6

Noircissez les cases selon les indications données.

u.

	1 2	1	1 2	1	1 2
1.1					
2.1					
1					
1.1.1					
1.1					

v.

	2 1	1 2	1 1	1 2	1
1.1					
2.1					
1.1					
2.1					
1.1					

w.

	1 1 1	1 2	1	1 1 1	1 2
1.1					
2.1					
1.1					
1.1					
2.2					

x.

	1 1	2 1	2 1	1 1	1 2
2.1					
2.1					
1.2					
1.1					
1.1					

y.

	1 1	1 3	1	2 1	1 1
2.1					
2					
1.1					
2.1					
1.1					

z.

	1 1	1 2	1	1 1 1	1 1
1.1					
1.1					
1.2					
1.1					
1.1					

A.

	4	1	4	1 1 1	1 1 1	1 1 1
1.1.1						
1.1.1						
1.1.1						
1.3						
1.1						
1.2						

B.

	1 1 1	1 1 1	2 1	2 1	2 1	2 1
2						
1.2.1						
1.3						
1.1.1						
1.1						
1.2						

C.

	1 1 1	2 1	3 1	3 1	1 2	1 1 1
1.1.1						
4						
4.1						
2						
1.1.1						
1.1.1						

Correction des entraînements

a.

1	1	0	0	1	1	0	0
1	0	1	1	0	1	0	0
0	0	1	1	0	0	1	1
0	1	0	0	1	1	0	1
1	0	1	0	1	0	1	0
0	1	0	1	0	0	1	1
1	1	0	1	0	1	0	0
0	0	1	0	1	0	1	1

b.

0	0	1	0	1	1	0	1
0	1	0	1	0	0	1	1
1	0	1	0	1	0	1	0
1	1	0	0	1	1	0	0
0	0	1	1	0	1	0	1
1	0	1	1	0	0	1	0
0	1	0	0	1	1	0	1
1	1	0	1	0	0	1	0

c.

1	0	1	1	0	0	1	0	1	0
0	1	0	0	1	0	1	1	0	1
1	0	0	1	0	1	0	0	1	1
0	1	1	0	1	1	0	1	0	0
1	1	0	1	0	0	1	0	0	1
0	0	1	1	0	1	0	1	1	0
0	0	1	0	1	0	1	0	1	1
1	1	0	0	1	1	0	1	0	0
1	0	1	1	0	0	1	0	0	1
0	1	0	0	1	1	0	1	1	0

d.

0	0	1	0	1	1	0	1	1	0
1	1	0	1	1	0	0	1	0	0
0	0	1	0	0	1	1	0	1	1
0	0	1	1	0	1	1	0	0	1
1	1	0	0	1	0	0	1	1	0
1	1	0	0	1	0	1	0	0	1
0	0	1	1	0	1	1	0	1	0
0	1	0	1	0	1	0	1	1	0
1	0	1	0	1	0	0	1	0	1
1	1	0	1	0	0	1	0	0	1

e.

	3	2	3	1	1		1	4
4			■	■	■	■		
0								
4		■	≈			■	■	■
1		■						
1						■		≈
3	■					■		■
3	■		■					■
4	■		■			■		■

f.

		1	2	0	2	4	2	2
1	■		≈			≈		≈
	■		■			■		
3			■			■		■
0								
5	■	≈			■	■	■	■
0								
1		■						
3					■	■	■	

g.

	2	3	2	1	
2	**3**	**2**	**1**	**4**	1
2	**2**	**1**	**4**	**3**	2
1	**4**	**3**	**2**	**1**	4
2	**1**	**4**	**3**	**2**	3
	2	1	2	3	

h.

	3	2	2	1	
4	**1**	**2**	**3**	**4**	1
2	**2**	**4**	**1**	**3**	2
1	**4**	**3**	**2**	**1**	4
2	**3**	**1**	**4**	**2**	2
	2	3	1	3	

i.

	2	**3**	**4**	**1**	
2	**3**	**2**	**1**	**4**	1
	4	**1**	**3**	**2**	
2	**1**	**4**	**2**	**3**	2

j.

			2		
3	**1**	**3**	**2**	**4**	
	2	**4**	**1**	**3**	
	3	**2**	**4**	**1**	
1	**4**	**1**	**3**	**2**	
		3		3	

k.

	4	**3**	**1**	**2**	2
3	**3**	**2**	**4**	**1**	~~2~~
1	**1**	**4**	**2**	**3**	
3	**2**	**1**	**3**	**4**	
			3		

l.

		2		1	
	4	**2**	**3**	**1**	
	1	**3**	**2**	**4**	
	3	**1**	**4**	**2**	
	2	**4**	**1**	**3**	
			~~2~~		

m.

3		5		1		4		2
5	>	4		2		1		3
		v				^		
1		3		4		2		5
^								
2		1	<	5		3		4
4		2		3		5		1

n.

4		1		5		2		3
								^
2		5		3		1		4
								^
1		4		2		3		5
5		3	>	1		4		2
3		2	<	4		5		1

o.

5		3	*	2		4		6		1
*						*				
6		1		4	*	3	*	2		5
				*				*		
2		4	*	5	*	6		1		3
*		*		*						*
1		5	*	6		2	*	3	*	4
		*						*		
3		6		1		5	*	4		2
*								*		
4		2	*	3		1		5	*	6

p.

1		3		6	*	5	*	4		2
		*						*		
6		2	*	1		3		5	*	4
		*		*		*		*		*
3		1	*	2		4		6	*	5
*				*						*
4	*	5		3		1	*	2		6
*		*		*		*		*		
5	*	6		4		2	*	1		3
				*						
2		4	*	5	*	6		3		1

q.

8	+	7	+	3	=	18
+		+		+		
5	+	4	+	2	=	11
+		+		+		
6	+	9	+	1	=	16
=		=		=		
19		20		6		

r.

1	+	4	+	8	=	13
+		+		+		
2	+	3	+	7	=	12
+		+		+		
9	+	6	+	5	=	20
=		=		=		
12		13		20		

s.

4	+	7	+	8	=	19
+		+		+		
9	+	5	+	2	=	15
+		+		+		
1	+	3	+	6	=	10
=		=		=		
14		15		16		

t.

2	+	3	+	9	=	14
+		+		÷		
5	+	1	+	6	=	12
+		+		+		
7	+	8	+	4	=	19
=		=		=		
14		12		19		

u.

	1 2	1	1 2	1	1 2
1.1			■		■
2.1	■	■		■	
1			■		
1.1.1	■		■		■
1.1	■				■

v.

	2 1	1 2	1 1	1 2	1
1.1	■		■		
2.1	■	■		■	
1.1			■		■
2.1	■	■		■	
1.1		■		■	

w.

	1 1 1	1 2	1	1 1 1	1 2
1.1	■			■	
2.1		■	■		■
1.1	■			■	
1.1		■			■
2.2	■	■		■	■

x.

	1 1	2 1	2 1	1 1	1 2
2.1	■	■		■	
2.1		■	■		■
1.2	■		■	■	
1.1		■			■
1.1			■		■

y.

	1 1	1 3	1	2 1	1 1
2.1	■	■			■
2			■	■	
1.1		■		■	
2.1	■	■			■
1.1		■		■	

z.

	1 1	1 2	1	1 1 1	1 1
1.1	■			■	
1.1		■			■
1.2	■		■	■	
1.1		■			■
1.1		■		■	

A.

	4	1	4	1 1 1	1 1 1	1 1 1
1.1.1	■			■		■
1.1.1	■		■		■	
1.1.1	■		■			■
1.3	■		■	■	■	
1.1			■			■
1.2		■		■	■	

B.

	1 1 1	1 1 1	2 1	2 1	2 1	2 1
2		■	■			
1.2.1	■		■	■		■
1.3		■		■	■	■
1.1.1	■		■		■	
1.1		■		■		
1.2	■				■	■

C.

	1 1 1	2 1	3 1	3 1	1 2	1 1 1
1.1.1	■		■			■
4		■	■	■	■	
4.1	■	■	■	■		■
2				■	■	
1.1.1	■		■		■	
1.1.1		■		■		■

Bonne combinaison

Astuce 84 : description

On vous demande de déduire une séquence de lettres, de chiffres ou de symboles à partir d'un carré et de plusieurs informations. Pour cela, un ensemble d'éléments (lettres, chiffres ou symboles) représentant un « alphabet » vous est donné.

Vous devez découvrir un « mot », c'est à dire une séquence de deux éléments ou plus, ne comportant que les éléments de l'alphabet et vérifiant l'ensemble des informations.

La combinaison solution est conforme à la totalité des indices.

Ces informations vous révèlent d'une part combien d'éléments se trouvent à la fois dans la ligne du carré et dans la séquence solution et d'autre part, combien de ces éléments se trouvent à la bonne ou à la mauvaise place dans la séquence solution.

Le terme « commun » signifie commun à la séquence solution et non commun entre les lignes.

Rappelez-vous que la combinaison solution comporte autant d'éléments que le carré logique a de colonnes.

Sauf indication contraire, un même élément ne peut pas se répéter.

Exemple : soit l'alphabet M A S T E R. Trouvez un mot de 3 lettres sachant que :

A	T	R	deux lettres communes bien placées
S	E	T	aucune lettre commune
E	R	M	deux lettres communes mal placées

↓ le carré — ↓ les informations (ou indices)

✓ La combinaison solution comporte trois éléments pris parmi les lettres de l'alphabet : M, A, S, T, E et R.

✓ La première information « deux lettres communes bien placées » signifie que parmi les lettres de la première ligne, il y a deux lettres et seulement deux qui sont communes avec la combinaison solution et qui de plus, sont à la bonne place. La troisième lettre n'est pas présente dans la combinaison solution.

✓ La deuxième information « aucune lettre commune » signifie que parmi les lettres de la deuxième ligne, il n'y a aucune lettre commune avec la séquence solution.

✓ La troisième information « deux lettres communes mal placées » signifie que parmi les lettres de la troisième ligne, il y a deux lettres et seulement deux qui sont communes avec la combinaison solution et qui de plus, sont à la mauvaise place. La troisième lettre n'appartient pas à la séquence solution.

✓ Vous devez commencer par l'information la plus pertinente : la deuxième, grâce à elle, vous éliminez les lettres S, E et T du carré : vous les barrez partout dans le carré.

A	~~T~~	R	deux lettres communes bien placées
~~S~~	~~E~~	~~T~~	aucune lettre commune
~~E~~	R	M	deux lettres communes mal placées

✓ Ensuite, vous relisez les lignes :

- sur la première, A et R sont les lettres bien placées ;
- sur la troisième, R et M sont les lettres mal placées : vous en déduisez que M est en deuxième position. **Réponse : A M R.**

Astuce 85 : règles fondamentales

Il va falloir que vous repériez les éléments à éliminer. Les trois règles suivantes ne sont valables que dans le cas où les informations portent sur des éléments bien placés ou mal placés.

✳ Règle 1 : il est impossible qu'un élément soit à la fois mal placé et bien placé à une même place !

✳ Règle 2 : il est impossible qu'un élément soit bien placé à plusieurs places !

✳ Règle 3 : il est impossible qu'un élément soit mal placé à chacune des places possibles !

Exemple : soit l'alphabet M A S T E R. Trouvez un mot de 2 lettres :

T	S	a un élément bien placé
T	A	a un élément mal placé

✓ Le T ne peut pas faire partie de la combinaison solution. En effet, s'il faisait partie de la solution, il serait à la fois bien placé à la première place (première ligne) et mal placé à cette même première place (deuxième ligne). C'est impossible !

✓ **Réponse : A S.**

Exemple : soit l'alphabet M A S T E R. Trouvez un mot de 2 lettres :

T	S	a un élément bien placé
S	A	a un élément bien placé

✓ Le S ne peut pas faire partie de la combinaison solution. En effet, s'il faisait partie de la solution, il serait à la fois bien placé à la première place (deuxième ligne) et bien placé à la deuxième place (première ligne). C'est impossible !

✓ **Réponse : T A.**

Exemple : soit l'alphabet M A S T E R. Trouvez un mot de 2 lettres :

S	M	a un élément mal placé
A	S	a un élément mal placé

✓ Le S ne peut pas faire partie de la combinaison solution. En effet, s'il faisait partie de la solution, il serait à la fois mal placé à la première place (première ligne) et mal placé à la deuxième place (deuxième ligne). C'est impossible !

✓ **Réponse : M A.**

Entraînement 1

Soit l'alphabet : L M J V S D.
Trouvez des séquences de deux, trois ou quatre lettres dont l'identité et la place se déduisent logiquement par raisonnement sur des données. On note BP pour « bien placé » et MP pour « mal placé ».

a.

L	D	1 BP
D	V	1 BP

b.	L	M			1 BP
	L	J			1 MP
c.	M	V			1 MP
	S	M			1 MP
d.	D	L	S		
	J	V	L		1 BP + 1 MP
	S	V	M		2 MP
e.	L	M	J		1 MP
	L	V	S		1 BP
	S	M	D		1 BP
f.	M	J	V	S	3 BP
	V	J	L	S	3 BP

Astuce 86 : conventions à adopter

Prenez l'habitude de barrer les éléments dont vous êtes certain qu'ils ne font pas partie de la solution (partout dans le carré).

Marquez d'une manière particulière (par exemple en les soulignant) les éléments dont vous avez la certitude qu'ils font partie de la solution, mais à une place que vous ne connaissez pas encore.

Marquez d'une autre manière (par exemple en les encadrant) les éléments dont vous avez la certitude qu'ils font partie de la solution, et à la bonne place.

Un élément encadré doit l'être chaque fois qu'il apparaît dans la même colonne. Dans les autres colonnes, vous le soulignez.

Une accolade devant plusieurs lignes indique que l'indice concerne toutes les lignes situées en face d'elle.

Les éléments bien placés sont signalés par BP ou • et les éléments mal placés par MP ou ○.

Astuce 87 : alphabet moins 1

> Il faut se référer à l'alphabet donné : il arrive qu'un des éléments de l'alphabet n'apparaisse pas dans les lignes proposées mais fasse partie de la combinaison solution.

Exemple : soit l'alphabet M A S T E R. Trouvez un mot de 3 lettres :

M	A	T	
T	E	S	2 MP
S	E	A	1 BP + 1 MP

- ✓ Grâce à la première ligne, vous éliminez M, A et T : vous gardez S, E et R.
- ✓ En comparant la deuxième ligne et la troisième, vous savez que E est mal placé en deuxième position : c'est donc S qui se trouve en première place. Ainsi, E se trouve en troisième place et vous retournez dans l'alphabet chercher R qui se place en deuxième.
- ✓ **Réponse : S R E.**

Astuce 88 : comptage

> Pour les carrés compliqués, la méthode de comptage permet de déterminer un ou plusieurs éléments faisant partie de la solution. Vous comptez le nombre de fois que les éléments de la solution apparaissent dans les indices et le nombre de fois que les éléments de l'alphabet apparaissent dans le carré.

Exemple : soit l'alphabet M A S T E R. Trouvez un mot de 3 lettres :

A	R	M	2 MP
T	M	A	2 BP
M	S	A	1 BP + 1 MP

- ✓ Vous comptez le nombre de fois que les éléments de la solution apparaissent dans les indices : deux éléments pour chacune des trois lignes, donc au total, il y a six éléments qui font partie de la solution.

- ✓ Vous comptez le nombre de fois que les éléments de l'alphabet apparaissent dans le carré :

chaque lettre	**M**	**A**	S	T	**E**	R	
apparaît	**3**	**3**	1	1	**0**	1	fois.

- ✓ Vous cherchez quelles sont les trois lettres de l'alphabet qui apparaissent exactement six fois : c'est à dire comment obtenez-vous 6 en additionnant trois des chiffres de la deuxième ligne du tableau ?
- ✓ Pour obtenir 6, vous additionnez : 3 + 3 + 0 = 6 et ainsi les éléments de la solution sont : M, A et E.
- ✓ Sur la deuxième ligne, A et M sont bien placés, donc E se place en première position.
- ✓ **Réponse : E M A.**

Entraînement 2

Soit l'alphabet : ⌂ ∂ ∆ ¥ ∞ £.
Trouvez des séquences de trois ou quatre éléments dont l'identité et la place se déduisent logiquement par raisonnement sur des données. Les éléments bien placés sont signalés par • et les éléments mal placés par ○.

g.

⌂	£	∂	•
¥	∂	∆	•
∆	£	⌂	•

h.

⌂	¥	∂	•
∂	£	⌂	○
∞	∂	£	•

i.

⌂	∂	∆	¥	• • ○
⌂	∞	¥	∂	• • ○ ○
¥	∞	∂	⌂	• • ○ ○

j.

¥	∂	∞	£	• •
£	∂	∆	⌂	• ○
¥	∂	£	∆	• ○
£	∆	⌂	∂	• ○

k.

Δ	£	⌂	∂	○ ○
£	¥	∂	Δ	○ ○
∂	Δ	⌂	£	● ○
¥	⌂	∂	£	● ○

Astuce 89 : maître mot

Dans ce type de variantes, les lignes ne concernent que des informations sur les lettres bien placées. Aucune des règles de 1 à 3 ne s'applique.

Commencez par comparer les lignes où les mots diffèrent le moins.

Si vous avez l'information qu'aucune lettre n'est bien placée, alors commencez par celle-ci pour éliminer ses lettres.

Exemple : **vous devez trouver le mot dont l'identité se déduit logiquement par raisonnement sur des données. Les chiffres de droite fournissent uniquement les lettres bien placées : aucune indication n'est donnée sur les lettres mal placées.**

É	C	R	I	N	2
É	C	R	A	N	1
T	A	L	O	N	3
T	I	P	I	S	1
C	A	C	A	O	2

- ✓ Première étape : ECRIN a deux lettres bien placées et ECRAN a une lettre bien placée. Ainsi, la lettre qui les différencie (I de ECRIN) est une lettre bien placée : I est en quatrième position, donc sur la deuxième ligne, la troisième et la cinquième, vous barrez A et O en quatrième position.
- ✓ Deuxième étape : TIPIS a une lettre bien placée : I, donc, sur toutes les lignes, en première position, vous barrez T, en deuxième, vous barrez I, en troisième, vous barrez P et en cinquième, vous barrez S.

- ✓ Troisième étape : TALON a trois lettres bien placées : A, L et N, donc vous barrez C en deuxième position, R et C en troisième position et O en cinquième position.
- ✓ Quatrième étape : CACAO a deux lettres bien placées : C et A. Vous formez le mot CALIN.
- ✓ **Réponse : CALIN.**

É	C	R	I	N	2
É	C	R	A	N	1
T	A	L	O	N	3
T	I	R	I	S	1
C	A	C	A	O	2

Entraînement 3

Vous devez trouver le mot dont l'identité se déduit logiquement par raisonnement sur des données. Les chiffres de droite fournissent uniquement les lettres bien placées : aucune indication n'est donnée sur les lettres mal placées.

l.

B	O	I	T	E	3
B	O	V	I	N	0
M	U	R	E	T	1
M	A	M	A	N	0
S	O	R	T	E	3

m.

M	A	N	C	H	E	0
M	A	N	O	I	R	3
M	I	R	A	G	E	2
T	R	A	H	I	R	3

n.

C	A	I	S	S	E	3
C	E	R	I	S	E	0
C	A	R	T	O	N	3
M	Y	G	A	L	E	1

o.

M	A	N	I	Q	U	E	4
M	A	N	C	H	O	T	0
L	O	P	E	T	T	E	3
M	A	G	A	S	I	N	1

Astuce 90 : en colonnes

Dans ce type de variantes, les informations sont écrites en colonnes.

Ici, la seule indication donnée est celle des éléments bien placés : les autres éléments font partie de la combinaison solution, mais ils sont mal placés !

Aucune des règles de 1 à 3 ne s'applique.

Exemple : **la lecture se fait verticalement et en-dessous de chaque colonne, on vous indique le nombre d'éléments bien placés. Quelle proposition est correcte ?**

¥	∂
⌂	⌂
∂	¥
(1)	(0)

A. Le problème n'a pas de solution.
B. Le problème a une solution.
C. Le problème a deux solutions.
D. On ne peut pas résoudre le problème.

✓ La combinaison solution comporte les trois éléments ¥, ⌂, ∂.

✓ Sur la 1re colonne, l'information (1) vous apprend que parmi les trois éléments ¥, ⌂, ∂, seulement un des trois éléments est bien placé et que les deux autres sont mal placés. Sur la 2e colonne, l'information (0) vous apprend que parmi les trois éléments ¥, ⌂, ∂, aucun n'est bien placé : ils sont tous les trois mal placés.

✓ Sur la 1re colonne, ⌂ est mal placé en deuxième position, puisqu'il l'est sur la 2e colonne. Si vous supposez que ¥ est en première position, alors ∂ est en deuxième et ⌂ en troisième, alors que si vous supposez que ∂ est en troisième position, alors ¥ est en deuxième et ⌂ en première.

✓ Il y a donc deux solutions possibles :

¥		⌂
∂	ou	¥
⌂		∂

✓ **Réponse : C.**

Entraînement 4

La lecture se fait verticalement. Le nombre entre parenthèses en bas de chaque colonne indique le nombre d'éléments bien placés qui se trouvent à la fois dans cette colonne et dans la (ou les) séquence(s) solution(s). Quatre propositions vous sont proposées : une seule est exacte.

p.

α	α	β
β	β	α
γ	δ	δ
δ	γ	γ
(0)	(2)	(2)

A. Le problème n'a pas de solution.
B. Le problème a une solution.
C. Le problème a deux solutions.
D. γ est juste au-dessus de β.

q.

β	δ	γ
α	α	δ
δ	γ	α
γ	β	β
(0)	(0)	(0)

A. δ est en haut de la pile.
B. Il y a plusieurs solutions.
C. α est en bas de la pile.
D. γ est juste au-dessus de β.

r.

α	γ	δ
γ	β	α
δ	α	β
β	δ	γ
(0)	(0)	(0)

A. δ n'est pas en haut de la pile.
B. γ n'est pas juste au-dessus de α.
C. α n'est pas en bas de la pile.
D. β n'est pas juste au-dessus de δ.

s.

α	γ	α
β	β	β
γ	α	δ
δ	δ	γ
(1)	(0)	(0)

A. α est en haut de la pile.
B. Il y a deux solutions possibles.
C. γ est juste au-dessus de δ.
D. δ est en bas de la pile.

t.

γ	δ	β	α
β	β	α	γ
α	γ	δ	β
δ	α	γ	δ
(0)	(2)	(0)	(2)

A. Le problème n'a pas de solution.
B. Le problème a deux solutions.
C. Le problème a une unique solution.
D. On ne peut pas résoudre le problème.

Correction des entraînements

a. Réponse : L V. Grâce à la règle 2, vous éliminez D. Sur la 1re ligne, L est bien placé en 1er et sur la 2e ligne, V est bien placé en 2e position.

b. Réponse : J M. Grâce à la règle 1, vous éliminez L. Sur la 1re ligne, M est bien placé en 2e position et sur la 2e ligne, J est mal placé : J se positionne en 1er.

c. Réponse : V S. Grâce à la règle 3, vous éliminez M. Sur la 1re ligne, V est mal placé : il se trouve en 1er et sur la 2e ligne, S est mal placé : il se positionne en 2e.

d. Réponse : J M V. Vous commencez par la ligne la plus pertinente : la première, grâce à elle, vous éliminez D, L et S. Sur la troisième ligne, V et M sont mal placés. Sur la deuxième ligne, V est aussi mal placé, donc J est bien placé en 1re position. V se place donc en 3e position et M en 2e.

e. Réponse : J V D. Grâce à la règle 1, vous éliminez L et M. Grâce à la règle 2, vous éliminez S. Sur la 2e ligne, V est bien placé en 2e position ; sur la 3e ligne, D est bien placé en 3e et sur la 1re ligne, J est mal placé : J se positionne en 1er.

f. Réponse : M J L S. Grâce à la règle 2, vous éliminez V. Sur les lignes, vous avez les éléments bien placés et donc vous obtenez facilement la solution.

g. Réponse : ¥ £ ∞. Grâce à la règle 2, vous éliminez ⌂, ∂ et Δ, ce qui vous donne ¥ en 1re position, £ en 2e : vous retournez dans l'alphabet chercher ∞ qui se place en 3e.

h. Réponse : Δ ¥ £. Grâce à la règle 2, vous éliminez ∂.

Si vous supposez que ∞ est l'élément bien placé de la troisième ligne, alors vous excluez £ et la deuxième ligne vous donne ⌂ en 2e position. Dans ce cas, la première ligne est impossible : cette hypothèse est fausse et vous excluez ∞. Donc sur la troisième ligne, c'est £ l'élément bien placé en 3e position. Avec la deuxième ligne, vous excluez ⌂. Avec la première ligne, vous déduisez que ¥ est en 2e position. Vous retournez dans l'alphabet chercher Δ qui se place en 1er.

i. Réponse : ⌂ ∞ ∂ **¥.** Vous commencez par les lignes les plus pertinentes : la deuxième et la troisième, grâce à elles, vous gardez ⌂, ∞, ¥ et ∂ (vous éliminez Δ). Toujours en comparant ces deux lignes, vous supposez que ∞ est en 2e position. En comparant la première ligne et la deuxième, vous supposez que ⌂ est en 1er. La solution serait de la forme ⌂ ∞ ? ? : dans la deuxième ligne vous échangez ¥ et ∂. Vous validez cette hypothèse avec les deux autres lignes.

j. Réponse : ¥ Δ ∞ ⌂. Vous ne pouvez pas utiliser les règles, mais vous opérez par « **comptage** ». Vous comptez le nombre de fois que les éléments de la solution apparaissent dans le carré : deux éléments pour chacune des quatre lignes, donc au total, il y a huit éléments qui font partie de la solution. Vous comptez le nombre de fois qu'apparaissent les éléments de l'alphabet :

chaque élément	£	∞	Δ	¥	⌂	∂	
apparaît	4	**1**	**3**	**2**	**2**	4	fois.

Vous cherchez quels sont les quatre éléments de l'alphabet qui apparaissent exactement huit fois : c'est à dire comment obtenez-vous 8 en additionnant quatre des chiffres de la deuxième ligne du tableau ? Pour obtenir 8, vous additionnez : 1 + 3 + 2 + 2 = 8 et ainsi les éléments de la solution sont : ∞, Δ, ¥ et ⌂. Vous éliminez £ et ∂. Ensuite, vous relisez les lignes : sur la première, ¥ et ∞ sont bien placés et sur la deuxième, Δ est mal placé, donc ⌂ est l'élément bien placé et Δ occupe la 2e position.

k. Réponse : ¥ Δ ∞ ⌂. Vous ne pouvez pas utiliser les règles, mais vous opérez par « **comptage** ». Vous comptez le nombre de fois que les éléments de la solution apparaissent dans le carré : deux éléments pour chacune des quatre lignes, donc au total, il y a huit éléments qui font partie de la solution. Vous comptez le nombre de fois qu'apparaissent les éléments de l'alphabet :

chaque élément	£	∞	Δ	¥	⌂	∂	
apparaît	4	**0**	**3**	**2**	**3**	4	fois.

Vous cherchez quels sont les quatre éléments de l'alphabet qui apparaissent exactement huit fois : c'est à dire comment obtenez-vous 8 en additionnant quatre des chiffres de la deuxième ligne du tableau ? Pour obtenir 8, vous additionnez :
0 + 3 + 2 + 3 = 8 et ainsi les éléments de la solution sont : ∞, Δ, ¥ et ⌂. Vous éliminez £ et ∂. En comparant la première ligne et la troisième, ⌂ est mal placé en 3e position, donc Δ est en 2e. Sur la quatrième ligne, ⌂ ne peut pas être l'élément bien placé en 2e, donc ¥ est en 1er et ⌂ ne peut que se placer en 4e position. Ainsi, ∞ se trouve en 3e position.

l. Réponse : SUITE. La deuxième et la quatrième ligne donnent « aucune lettre bien placée », donc en première position, on barre les B et M ; en deuxième, on barre les O et A ; en troisième, on barre les V et M ; en quatrième, on barre les I et A et en cinquième, on barre les N.

~~B~~	~~O~~	I	T	E	3
~~B~~	~~O~~	~~V~~	~~I~~	~~N~~	0
~~M~~	U	R	E	T	1
~~M~~	~~A~~	~~M~~	~~A~~	~~N~~	0
S	O	R	T	E	3

Sur la première ligne, on obtient I, T et E bien placées. De ce fait, sur la troisième ligne, ce ne peut être que U qui est bien placée en deuxième position et sur la cinquième ligne, ce ne peut être que S qui est bien placée en première position.

m. Réponse : TIROIR. La première ligne donne « aucune lettre bien placée », donc vous barrez M en 1re position, A en 2e, N en 3e, C en 4e, H en 5e et E en 6e. Sur la deuxième ligne, O, I et R sont les trois lettres bien placées :

- vous entourez O en 4e position sur la 2e ligne et vous barrez A et H en 4e position sur les 3e et 4e lignes ;
- vous entourez I en 5e position sur les 2e et 4e lignes et vous barrez G en 5e position sur la 4e ligne ;
- vous entourez R en 6e position sur les 2e et 4e lignes.

Sur la 3e ligne, I et R sont les lettres bien placées : vous barrez R en 2e position et A en 3e position sur la 4e ligne.

Ainsi, sur la 4e ligne, T est la troisième lettre bien placée.

~~M~~	~~A~~	~~N~~	~~C~~	~~H~~	~~E~~	0
~~M~~	~~A~~	~~N~~	O	I	R	3
~~M~~	I	R	~~A~~	~~G~~	~~E~~	2
T	~~R~~	~~A~~	~~H~~	I	R	3

n. Réponse : MAISON. La deuxième ligne donne « aucune lettre bien placée », donc en première position, on barre les C ; en deuxième, on barre les E ; en troisième, on barre les R ; en quatrième, on barre les I ; en cinquième, on barre les S et en sixième, on barre les E.

~~C~~	A	I	S	~~S~~	~~E~~	3
~~C~~	~~E~~	~~R~~	~~I~~	~~S~~	~~E~~	0
~~C~~	A	~~R~~	T	O	N	3
M	Y	G	A	L	~~E~~	1

Sur la première ligne, on obtient A, I et S bien placées. De ce fait, sur la troisième ligne, ce ne peut être que A, O et N qui sont bien placées et sur la quatrième ligne, ce ne peut être que M qui est bien placée en première position.

o. Réponse : LOGIQUE. La deuxième ligne donne « 0 BP », donc en première position, on barre les M ; en deuxième, on barre les A ; en troisième, on barre les N ; en quatrième, on barre les C ; en cinquième, on barre les H ; en sixième, on barre les O et en septième, on barre les T.

~~M~~	~~A~~	~~N~~	I	Q	U	E	4
~~M~~	~~A~~	~~N~~	~~C~~	~~H~~	~~O~~	~~T~~	0
L	O	P	E	T	T	E	3
~~M~~	~~A~~	G	A	S	I	N	1

Sur la première ligne, on obtient I, Q, U et E bien placées. De ce fait, sur la quatrième ligne, ce ne peut être que G qui est bien placée et sur la troisième ligne, ce ne peut être que L et O qui sont bien placées.

p. Réponse : A. En comparant les deux premières colonnes, vous trouvez que δ est en 3e position et γ en 4e. Ainsi, β est en 1er et α en 2e place : la troisième colonne est incohérente : il n'y a pas de solution.

q. Réponse : D. La solution est :

α
γ
β
δ

γ n'est ni en 1re position, ni en 3e, ni en 4e : γ est en 2e. β n'est ni en 1re position, ni en 2e, ni en 4e : β est en 3e, etc.

r. Réponse : A. La solution est :

β
δ
γ
α

γ n'est ni en 1re position, ni en 2e, ni en 4e : γ est en 3e.
β n'est ni en 2e position, ni en 3e, ni en 4e : β est en 1er, etc.

s. Réponse : B. Les deux solutions possibles sont :

δ		β
α	ou	δ
γ		γ
β		α

En 1re position, vous ne pouvez avoir ni γ, ni α ; en 2e, vous ne pouvez pas avoir β ; en 3e, ni α, ni δ ; en 4e, ni δ, ni γ. Sur la 1re colonne, γ est en 3e position.
Si vous supposez que δ est en 1er, alors vous obtenez α en 2e, γ en 3e et β en 4e.
Si vous supposez que β est en 1er, alors vous obtenez δ en 2e, γ en 3e et α en 4e.

t. Réponse : C. La solution est :

δ
γ
β
α

En 1re position, vous ne pouvez avoir ni γ, ni β ; en 2e, ni β, ni α ; en 3e, ni α, ni δ ; en 4e, ni δ, ni γ. Sur la 4e colonne, si vous supposez que α est en 1er, alors la 2e colonne est incohérente ! Donc γ est en 2e, β en 3e, α en 4e et δ en 1er.

Attention

Au premier abord, les problèmes d'attention paraissent abordables, voire enfantins. Est-ce compliqué de compter des éléments : lettres, mots, figures ? Est-ce compliqué de distinguer des différences entre deux séries d'informations (séries de mots, de chiffres, de symboles) très semblables ? a priori, non !
Le but de ces épreuves est de vérifier que vous êtes capable de rester concentré pendant un certain laps de temps.
La difficulté tient à deux points essentiels : ils s'appuient sur un travail répétitif et fastidieux et ils sont à réaliser en temps limité.
Votre résultat dépendra de vos capacités de perception des détails.
Ces questions requièrent rapidité, précision, concentration et exactitude.

Astuce 91 : comptage

Concrètement, il faut trouver tous les symboles demandés, sans en oublier aucun, ni compter certains deux fois. De plus, il ne faut pas confondre un symbole avec un autre lui ressemblant à un détail près !

Si cela est autorisé, barrez ou encerclez les symboles au fur et à mesure pour vous garantir de ne pas en compter un plusieurs fois.

Explorez le texte ou le schéma de manière rigoureuse, par ligne ou par colonne : ne vous « dispersez pas » !

Restez concentré et ne vous égarez pas : s'il s'agit d'un texte, n'essayez pas d'en comprendre le sens.

Ne travaillez pas trop vite : il vaut mieux que vous répondiez à moins de questions mais que vos réponses soient exactes.

Exemple : **dans la grille ci-dessous, combien de fois le mot ATTENTION est-il écrit (horizontalement de gauche à droite et de droite à gauche et verticalement de haut en bas et de bas en haut) ?**

A	A	T	T	E	N	T	I	O	N	N	A
A	T	T	E	N	O	O	A	N	O	O	T
T	T	I	N	N	I	N	T	O	I	I	T
T	A	T	O	T	T	A	E	I	T	T	E
E	N	O	I	A	N	T	N	T	N	T	N
N	O	I	T	N	E	T	T	A	E	N	T
T	I	A	N	O	T	O	I	T	T	E	I
A	T	T	E	N	T	I	O	N	A	T	O
T	T	E	T	I	A	N	N	A	N	A	N
N	E	A	T	T	E	N	T	I	O	N	O
I	N	T	A	T	T	E	N	T	I	O	N
A	T	T	N	O	I	T	N	E	T	T	A

✓ Commencez par travailler horizontalement, de gauche à droite puis de droite à gauche, puis opérez verticalement.

✓ Voici la grille :

A	A	T	T	E	N	T	I	O	N	N	A
A	T	T	E	N	O	O	A	N	O	O	T
T	T	I	N	N	I	N	T	O	I	I	T
T	A	T	O	T	T	A	E	I	T	T	E
E	N	O	I	A	N	T	N	T	N	T	N
N	O	I	T	N	E	T	T	A	E	N	T
T	I	A	N	O	T	O	I	T	T	E	I
A	T	T	E	N	T	I	O	N	A	T	O
T	T	E	T	I	A	N	N	A	N	A	N
N	E	A	T	T	E	N	T	I	O	N	O
I	N	T	A	T	T	E	N	T	I	O	N
A	T	T	N	O	I	T	N	E	T	T	A

✓ **Réponse : 9.**

Entraînement 1

Observez le dessin ci-dessous et répondez aux questions :

δ	λ	α	β	δ	η	θ	α	α	δ	α	η	δ	β	β
β	η	δ	α	θ	μ	λ	θ	η	θ	λ	α	β	λ	η
μ	θ	β	β	δ	α	β	δ	μ	β	δ	μ	μ	η	δ
α	δ	α	μ	λ	μ	λ	μ	η	θ	μ	α	μ	θ	α
μ	β	λ	η	δ	α	μ	δ	α	λ	θ	μ	α	λ	θ
η	λ	α	μ	λ	η	β	δ	μ	β	λ	α	δ	δ	μ
θ	μ	η	θ	θ	λ	λ	μ	η	λ	η	θ	β	θ	η
α	β	δ	β	λ	β	δ	λ	μ	λ	μ	λ	μ	β	λ
η	μ	α	μ	δ	μ	η	δ	α	α	δ	θ	δ	λ	δ
μ	α	δ	μ	β	α	μ	η	μ	λ	η	μ	β	α	β

a. Quel symbole apparaît le plus souvent ?

b. Combien de fois le symbole β apparaît-il dans le tableau ?

c. Combien de fois le symbole λ apparaît-il dans le tableau ?

d. Combien y a-t-il de symboles identiques l'un à côté de l'autre (dans le sens vertical ou horizontal) ?

e. Combien de fois la séquence η θ apparaît-elle, sachant qu'elle peut être observée de gauche à droite et de haut en bas ?

f. Combien de fois la séquence η λ β apparaît-elle, sachant qu'elle peut être observée de gauche à droite et de haut en bas ?

g. Quels sont les deux symboles n'appartenant pas à la douzième colonne ?

A. λ et α **B.** η et δ **C.** δ et α **D.** δ et β

h. Quels sont les deux symboles n'appartenant pas à la septième ligne ?

A. η et μ **B.** α et δ **C.** δ et η **D.** δ et β

Entraînement 2

Répondez aux questions :

i. Combien y a-t-il de voyelles dans le mot : « VOYELLE » ?

j. Combien y a-t-il de consonnes dans le mot : « VOYELLE » ?

k. Combien y a-t-il de voyelles dans le mot : « CONSONNE » ?

l. Combien y a-t-il de consonnes dans le mot : « CONSONNE » ?

m. Combien y a-t-il de lettres après le « S » dans le mot : « CONSONNE » ?

n. Combien y a-t-il de lettres avant le « Y » dans le mot : « VOYELLE » ?

o. Combien y a-t-il de voyelles avant le « S » dans le mot : « CONSONNE » ?

p. Combien y a-t-il de consonnes après le « S » dans le mot : « CONSONNE » ?

q. Combien y a-t-il de voyelles après le « O » dans le mot : « VOYELLE » ?

r. Combien y a-t-il de consonnes avant le « Y » dans le mot : « VOYELLE » ?

Astuce 92 : différences

Dans certains cas, il faut observer deux séries de données (séries de mots, de chiffres, de symboles) très semblables, les comparer afin de distinguer les différences.

Exemple : une personne a réalisé une photocopie mais des erreurs se sont glissées entre l'original et la copie. Combien y a-t-il d'erreurs ?

ORIGINAL

δ	λ	α	β	δ	η
β	η	δ	α	θ	μ
μ	θ	β	β	δ	α
α	δ	α	μ	λ	μ
μ	β	λ	η	δ	α
η	λ	α	μ	λ	η

COPIE

α	λ	α	β	δ	η
β	η	β	α	θ	μ
μ	θ	β	β	δ	β
α	δ	α	δ	λ	μ
μ	δ	λ	η	δ	α
η	λ	η	μ	λ	η

✓ **Réponse : 6.**

ORIGINAL

δ	λ	α	β	δ	η
β	η	δ	α	θ	μ
μ	θ	β	β	δ	α
α	δ	α	μ	λ	μ
μ	β	λ	η	δ	α
η	λ	α	μ	λ	η

COPIE

α	λ	α	β	δ	η
β	η	β	α	θ	μ
μ	θ	β	β	δ	β
α	δ	α	δ	λ	μ
μ	δ	λ	η	δ	α
η	λ	η	μ	λ	η

Entraînement 3

Chaque ligne est composée de chiffres, de lettres ou de symboles. Observez si les deux propositions sont identiques ou différentes.

A. identiques B. différentes

s. tghdujkilopmnrebsdcgbftjhsqlmp / tghdujkilopmnrebsdcgbftjhsqlmp

t. 53698745213698520125896365 / 53698745313698520125796365

u. 54819 + 256398 + 526923 + 12366 / 54819 + 256398 + 526923 + 12366

v. ABABABABABBBAABBBABBAB / ABABBBABAABBAABBBABBAA

w. JUILOMPLOIUERTYVDBCFH / JUILOMPLOIUERTYWDBCFH

x. m789tyopldm45namp63nb96sdt14 / m789tyopldm45namp63nb96sdt14

y. FGY7236KLMO8910HVCND51523 / FGY7236KLMO8910HVCND51423

z. ✳✱✳◘◒◗◇✷×✚▣✳⁂✯✷◆◓◖ / ✳✱✳◘◒◗◇✷×✚▣✳⁂✯✷◆◓◒

A. ΨΩΓεγΓΛψυωΔψΠσςΣνλκηΩθζδγ / ΨΩΓεγΓΛψυωΔψΠσςΣνλκηΩθζδγ

B. ?£%ù@µ?!§!?%£$µ?!§%£$µ*£$§ / ?£%ù@µ?!§@?%£$µ?!§%£$µ@£$§

Entraînement 4

Une personne a réalisé une photocopie mais des erreurs se sont glissées entre l'original et la copie. Combien y a-t-il d'erreurs ?

C.

ORIGINAL

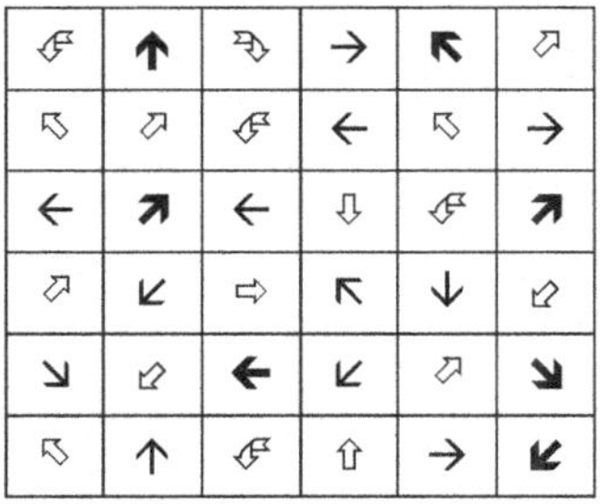

COPIE

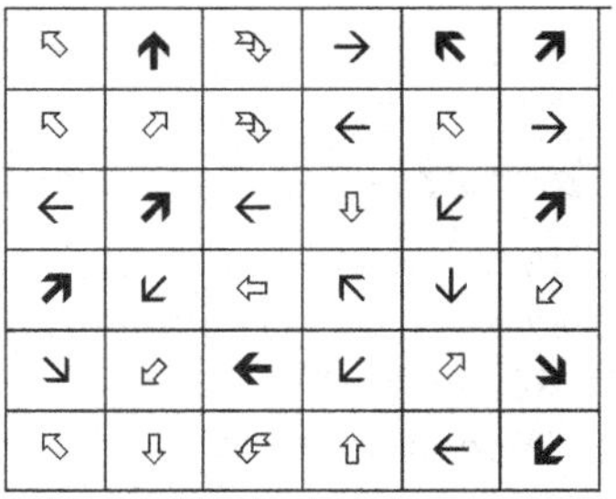

Entraînement 5

Soit la phrase : « Un tiens vaut mieux que deux tu l'auras. » répétée un certain nombre de fois avec peut-être certaines modifications. Répondez aux questions.

Un tiens vaut mieux que deux tu l'auras. Un tiens vaut mieux que deux tu l'auras. Un tiens veau mieux que deux tu l'auras. Un tient vaut mieux que deux tu l'auras. Un tiens vos mieux que deux tu l'auras. Un tiens vaut mieux que deux tu l'auras. Un tiens vaut mieux que deux tu l'auras. Un tiens vaut mieux que deux tu l'auras. Un tient vaut mieux que deux tu l'auras. Un tiens vaut mieux que deux tu l'auras. Un tiens veau mieux que deux tu l'auras. Un tiens vaut mieux que deux tu l'auras. Un tiens vos mieux que deux tu l'auras. Un tient vaut mieux que deux tu l'auras. Un tient vaut mieux que deux tu l'auras. Un tiens vaut mieux que deux tu l'auras. Un tiens veau mieux que deux tu l'auras. Un tiens vos mieux que deux tu l'auras. Un tiens vaut mieux que deux tu l'auras. Un tient vaut mieux que deux tu l'auras. Un tiens vaut mieux que deux tu l'auras. Un tiens veau mieux que deux tu l'auras. Un tient vos mieux que deux tu l'auras. Un tient vaut mieux que deux tu l'auras. Un tiens vaut mieux que deux tu l'auras. Un tiens vaut mieux que deux tu l'auras. Un tient veau mieux que deux tu l'auras. Un tiens veau mieux que deux tu l'auras. Un tiens vaut mieux que deux tu l'auras. Un tient vos mieux que deux tu l'auras. Un tiens vaut mieux que deux tu l'auras. Un tiens veau mieux que deux tu l'auras.

D. Combien y a-t-il de phrases répétées (correctes ou non) ?

E. Combien de fois le mot « vaut » est-il modifié ?

F. Combien de fois le mot « tiens » est-il modifié ?

G. Combien y a-t-il de « t » dans toutes les lignes ?

Correction des entraînements

a. Réponse : D.

Sur les 150 symboles, il y a : 23 δ, 20 β, 23 α, 18 η, 15 θ, 22 λ et 29 μ.

b. Réponse : 20.

c. Réponse : 22.

d. Réponse : 12. Symboles

e. Réponse : 8. Symboles

f. Réponse : 1. Symboles

g. Réponse : D.

h. Réponse : B.

δ	λ	α	β	δ	η	θ	α	α	δ	α	η	δ	β	β
β	η	δ	α	θ	μ	λ	θ	η	θ	λ	α	β	λ	η
μ	θ	β	β	δ	α	β	δ	μ	β	δ	μ	μ	η	δ
α	δ	α	μ	λ	μ	λ	μ	η	θ	μ	α	μ	θ	α
μ	β	λ	η	δ	α	μ	δ	α	λ	θ	μ	α	λ	θ
η	λ	α	μ	λ	η	β	δ	μ	β	λ	α	δ	δ	μ
θ	μ	η	θ	θ	λ	λ	μ	η	λ	η	θ	β	θ	η
α	β	δ	β	λ	β	δ	λ	μ	λ	μ	λ	μ	β	λ
η	μ	α	μ	δ	μ	η	δ	α	α	δ	θ	δ	λ	δ
μ	lα	δ	μ	β	α	μ	η	μ	λ	η	μ	β	α	β

i. Réponse : 4.

k. Réponse : 3.

m. Réponse : 4.

o. Réponse : 1.

q. Réponse : 3.

j. Réponse : 3.

l. Réponse : 5.

n. Réponse : 2.

p. Réponse : 2.

r. Réponse : 1.

s. Réponse : A.

u. Réponse : A.

w. Réponse : B. 1 erreur.

y. Réponse : B. 1 erreur.

A. Réponse : A.

t. Réponse : B. 2 erreurs.

v. Réponse : B. 3 erreurs.

x. Réponse : A.

z. Réponse : B. 1 erreur.

B. Réponse : B. 2 erreurs.

C. Réponse : 8.

ORIGINAL

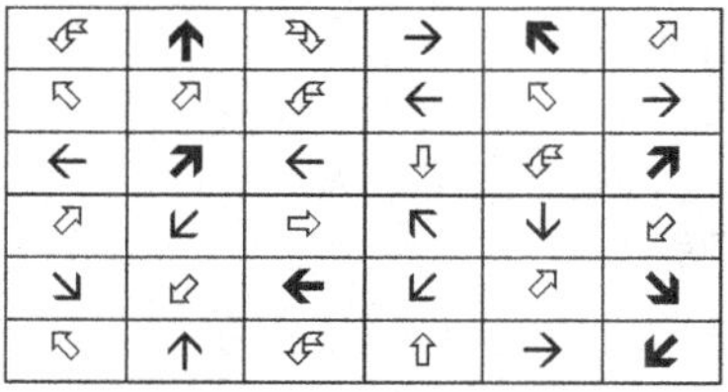

COPIE

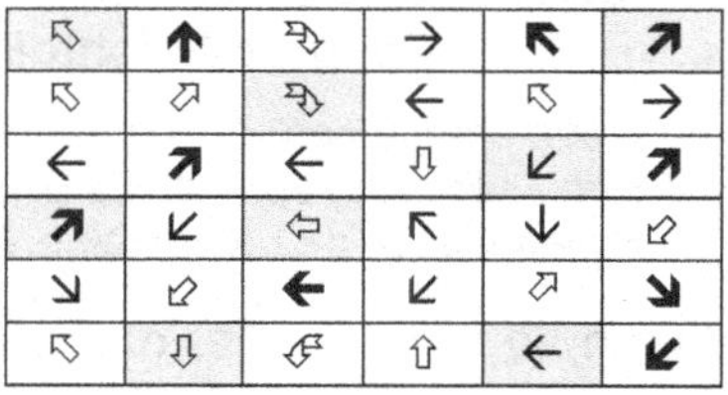

D. Réponse : 32.

F. Réponse : 9.

E. Réponse : 12.

G. Réponse : 93.

Moyens mnémotechniques

L'**empan** ou **empan mnésique** mesure la capacité de stockage de la mémoire à court terme et de la mémoire de travail. Il correspond au plus grand nombre d'éléments que le sujet est capable de rappeler immédiatement, généralement en respectant l'ordre de présentation. En 1956, les travaux du psychologue et chercheur américain **George Armitage Miller** ont permis d'admettre que la capacité de la mémoire à court terme mesurée par l'empan mnésique varie entre 5 et 9 éléments, soit de « **7 ± 2** » éléments. Miller avait qualifié la moyenne de sept éléments de **chiffre magique**, en référence aux sept jours de la semaine, aux sept Merveilles du monde, aux sept couleurs de l'arc-en-ciel, aux sept notes de la gamme diatonique.
Un moyen mnémotechnique est une astuce qui permet de mieux mémoriser et restituer une information. Le terme *mnémotechnique* vient du grec *mnêmonikos* (signifiant *mémoire*) et rappelle **Mnémosyne** la mère des Muses de la mythologie grecque.
Néanmoins, en utilisant les moyens mnémotechniques présentés dans ce chapitre, vous pourrez mémoriser facilement bien plus d'éléments.

Astuce 93 : utiliser des moyens mnémotechniques

Un moyen mnémotechnique est une astuce qui permet d'améliorer la mémorisation et la restitution d'une information.

Exemple : Mais où est donc Ornicar ?

✓ Cette phrase permet de mémoriser les conjonctions de coordination : mais, ou, et, donc, or, ni, car.

Exemple : Sur une **racine de la bruyère**, une **corneille boit l'eau de la fontaine Molière.**

✓ Cette phrase permet de mémoriser les auteurs français du XVIIe siècle : Racine, Jean de La Bruyère, Pierre Corneille, Nicolas Boileau, Jean de La Fontaine, Molière.

Exemple : Nos belles **amours** aux nombreuses **délices** se sont achevées au son des grandes **orgues.**

✓ Cette phrase permet de retenir les noms masculins au singulier et féminins au pluriel : amour, délice, orgue.

Exemple : **C'est assez,** rét**orque** la **baleine,** je me **cache à l'eau** pour couvrir mon **dos fin.**

✓ Cette phrase permet de retenir les grandes familles de cétacés : orque, baleine, cachalot, dauphin.

Exemple : Un **hibou** moche comme un **pou** avait pour **joujou** sur ses **genoux** un **caillou** aussi **chou** qu'un **bijou.**

✓ Cette phrase permet de mémoriser les sept noms qui se terminent en "oux" au pluriel : joujou, pou, bijou, caillou, chou, genou, hibou.

Exemple : **O**rang**E**

✓ Cette formule permet de se rappeler que l'Ouest se trouve à gauche et l'Est à droite.

Exemple : « Le Soleil se l**è**ve à l'**e**st et se c**o**uche à l'**o**uest. »

Exemple : « La lune est une menteuse : quand elle a la **forme d'un C, elle Décroît,** tandis que lorsqu'elle a la **forme d'un D, elle Croît.** »

Astuce 94 : formule avec les initiales

> Vous pouvez inventer une formule dont chacune des lettres correspond à l'initiale de chacun des mots à restituer.

Exemple : **CE GALOP**

✓ Cette formule permet de mémoriser les sept pêchés capitaux : **C**olère, **E**nvie, **G**ourmandise, **A**varice, **L**uxure, **O**rgueil, **P**aresse.

✓ Dans ce cas, vous prenez l'initiale de chacun des mots.

Exemple : **MA BALISE**

✓ Cette formule permet de mémoriser les pays limitrophes de la France métropolitaine : **M**onaco, **A**ndorre, **B**elgique, **A**llemagne, **L**uxembourg, **I**talie, **S**uisse, **E**spagne.

Exemple : **P**ays-**B**a**S**

✓ Cette formule permet de mémoriser les pays limitrophes de la France d'Outre-mer : **P**ays-Bas, **B**résil, **S**uriname.

Exemple : **HOLMES** (élémentaire !)

✓ Cette formule permet de retenir les Grands Lacs de l'Amérique du Nord : le lac **H**uron, le lac **O**ntario, le fleuve Saint-**L**aurent (il relie les Grands Lacs à l'océan), le lac **M**ichigan, le lac **E**rié, le lac **S**upérieur.

Exemple : **VOILA**

✓ Cette formule permet de mémoriser les cinq principaux fleuves de Russie d'ouest en est : la **V**olga, l'**O**b, l'**I**enisseï, la **L**éna, l'**A**mour.

Astuce 95 : méthode de concaténation

> Dans la méthode de « concaténation », la(les) première(s) lettre(s) de chacun des mots de la phrase correspond(ent) à la(les) première(s) lettre(s) de chacun des mots à restituer ou appartiennent à la formule.

Exemple : « **J**e **P**eux **B**oire **C**omme **C**es **G**ros **H**ommes. »

✓ Cette phrase permet de mémoriser les sept noms qui se terminent en "oux" au pluriel.

Exemple : « **M**on **V**ieux **T**outou **M**édor **J**oue **S**ur **U**n **N**uage. »

✓ Cette phrase permet de mémoriser l'ordre des huit planètes du système solaire : **M**ercure, **V**énus, **T**erre, **M**ars, **J**upiter, **S**aturne, **U**ranus, **N**eptune.

Exemple : « **D**es **G**aulois et **P**ompiers **G**ouvernent **d'E**ntrée, **M**ais un **C**hat **S**iamois **H**eureux **M**iaule. »

✓ Cette phrase permet de mémoriser, dans l'ordre chronologique, les **présidents de la Ve République française :** **D**e **G**aulle, **P**ompidou, **G**iscard **d'E**staing, **M**itterrand, **C**hirac, **S**arkozy, **H**ollande, **M**acron.

Le saviez-vous ?

- **Alain Poher a été président par intérim de la Ve République française** en 1969, suite à la démission du Général de Gaulle et en 1974, suite au décès de Georges Pompidou.

Exemple : « **B**eau **G**arçon **H**abitant **S**alvador **N**ettoie et **C**ire les **P**lanchers. »

✓ Cette phrase permet de mémoriser les pays d'Amérique Centrale, du nord au sud : **B**elize, **G**uatemala, **H**onduras, **S**alvador, **N**icaragua, **C**osta Rica, **P**anama.

Exemple : **BABOUCHE**

✓ Cette formule permet de se rappeler que le terme bâbord désigne le côté gauche d'un navire quand on regarde vers l'avant.

✓ En effet, si vous accolez les quatre premières lettres de BABOrd et les quatre dernières de gaUCHE, vous obtenez **BABO~~rdga~~UCHE.**

Exemple : « Un marin emporte toujours **Deux Bas Si Rouges** et **Un TriCot Vert.** »

✓ Cette phrase permet de se rappeler que :

- à gauche : **Ba**bôrd (**Bas**), les bouées sont des **Cy**lindres (**Si**) **Rouges**, avec numérotation paire (**Deux**) ;
- à droite : **Tri**bord (**Tri**cot), une bouée est un **Cône** (Tri**cot**) **Vert**, avec numérotation impaire (**Un**).

Astuce 96 : découpage en blocs de 7 éléments

> On retient mieux le début et la fin d'une série d'éléments : phrase, texte, cours à apprendre...
>
> Comme la mémoire à court terme intègre « 7 ± 2 » éléments, on découpe la liste d'éléments en plusieurs blocs d'environ 7 unités logiques pour multiplier les débuts et les fins !

Exemple : « **ThiMaGréCarCaFauLou** » et « **FaPoinDeMiDouDouLe** ».

✓ Chacune de ces deux formules permet de mémoriser, dans l'ordre chronologique, sept **présidents de la IIIe République française :**

- **Thi**ers, **Ma**c-Mahon, **Gré**vy, **Car**not, **Ca**simir-Perier, **Fau**re, **Lou**bet et
- **Fa**llières, **Poin**caré, **De**schanel, **Mi**llerand, **Dou**mergue, **Dou**mer, **Le**brun.

Astuce 97 : histoire pour faire travailler vos sens

Écrivez vos phrases : ce geste manuel est un bon moyen de développer votre mémoire kinesthésique (mémoire des mouvements). Elle est très puissante et vous assure une bien meilleure mémorisation !

Vous créez, pour chacun des éléments à mémoriser, une association (auditive ou mentale), puis vous imaginez une histoire en reliant les associations trouvées par une suite logique. Peut importe le scénario que vous inventez, il doit être le plus original possible, afin qu'il marque votre esprit.

Visualisez mentalement vos histoires mnémotechniques en y ajoutant du son, de la couleur, du mouvement, des sensations !

Exemple : « Le **5e** jour, le **Gaulois** a croqué la **pomme** et le **destin** du **mitron** a **changé** : son **sacrifice horrible** le fit devenir **maçon.** »

- ✓ Cette histoire permet de mémoriser, dans l'ordre chronologique, les présidents de la **Ve République française**, chacun d'eux étant remplacé par une association mentale : **De Gaulle (Gaulois), Pompidou (pomme), Giscard d'Estaing (destin), Mitterrand (mitron), Chirac (changé), Sarkozy (sacrifice), Hollande (horrible), Macron (maçon).**
- ✓ Visualisez une belle pomme bien colorée, juteuse et savoureuse…

Exemple : « le **T**igre **Ma**rche **Gr**imé dans le **Car**naval avec un **Cas**que en **F**orme de **Lou**p » et

« le **Fa**kir **Poin**çonne **Des Mill**iers de **Dou**dounes et guenilles **Dou**ces-amères et **Lé**gères ».

- ✓ Chacune de ces deux histoires permet de mémoriser, dans l'ordre chronologique, sept **présidents de la IIIe République française.**
- ✓ Imaginez un tigre coloré dans un carnaval bruyant et animé, un grand fakir…
- ✓ Dans la seconde expression, l'ajout du terme « **gue**nilles » permet de différencier Doumer**gue** et Doumer.

Entraînement 1

Répondez aux questions suivantes :

a. Que permet de mémoriser la phrase ci-dessous ?

« **À J**ouer **P**resque **S**eul **T**u **D**eviens **G**rincheux. »

b. Que permet de mémoriser la formule ci-dessous ?

« **DePomGiMiChiSarHoMa** »

c. Si vous devez retenir les **quatorze présidents américains, de la seconde guerre mondiale à janvier 2021**, vous formez deux formules avec les premières lettres de leur nom :

« **RoTruEisenKenJoNiFor** » et « **CaReBuCliBushObaTru** ».

Retrouvez les noms de ces **quatorze présidents américains.**

d. Créez une histoire mnémotechnique pour mémoriser l'ordre des huit planètes du système solaire : **Mercure, Vénus, Terre, Mars, Jupiter, Saturne, Uranus, Neptune.**

e. Trouvez la valeur de ? dans la série logique : **M O E D ? N C**

f. Trouvez la valeur de ? dans la série logique : **M V T M ? S U N**

Astuce 98 : regrouper par catégories

Pour restituer un nombre important de mots, vous pouvez les regrouper par catégories. En effet, lier plusieurs mots à une catégorie facilite votre mémorisation.

Cette méthode permet de vous remémorer environ 20 mots et elle est efficace jusqu'à 50 mots. Dans ce cas, il est préférable de ne pas dépasser 7 catégories différentes.

Exemple : vous devez mémoriser la liste des mots suivants :

poire - navet - cerise - carotte - poireau - citron - oignon - fraise.

✓ Vous séparez les mots en deux catégories :

- fruits : poire - cerise - citron - fraise.
- légumes : navet - carotte - poireau - oignon.

Entraînement 2

Regroupez ces 42 mots en sept catégories, puis répondez à la question.

sucre	pêche	tulipe	lion	poire	café
bleuet	tigre	œuf	marron	jupe	bleu
vert	œillet	pantalon	sapin	pivoine	singe
pomme	robe	cerise	girafe	charme	azalée
gilet	jonquille	peuplier	chocolat	violet	kiwi
écharpe	riz	rose	hêtre	chemise	chêne
orange	éléphant	chat	acacia	banane	farine

Catégorie 1 : ...	- - -	- - -
Catégorie 2 : ...	- - -	- - -
Catégorie 3 : ...	- - -	- - -
Catégorie 4 : ...	- - -	- - -
Catégorie 5 : ...	- - -	- - -
Catégorie 6 : ...	- - -	- - -
Catégorie 7 : ...	- - -	- - -

g. Sans regarder les 42 mots de la liste ci-dessus, restituez-en le plus possible :

-	-	-	-	-	-
-	-	-	-	-	-
-	-	-	-	-	-
-	-	-	-	-	-
-	-	-	-	-	-
-	-	-	-	-	-
-	-	-	-	-	-

Astuce 99 : Table de Rappel « rimes numériques »

La Table de Rappel « rimes numériques » contient une liste de mots qu'il faut mémoriser : vous associez les nombres à des sons pour que le cerveau les retienne plus facilement. Si vous devez mémoriser une liste ordonnée d'éléments, alors vous inventez une histoire mnémotechnique en associant, dans l'ordre, chaque élément de la liste à mémoriser à un mot de la Table de Rappel.

1	**main**	**11**	**bronze**
2	**dieu**	**12**	**pelouse**
3	**croix**	**13**	**fraise**
4	**carte**	**14**	**torse**
5	**singe**	**15**	**sphinx**
6	**scie**	**16**	**merguez**
7	**cassette**	**17**	**assiette**
8	**huître**	**18**	**vitre**
9	**œuf**	**19**	**bœuf**
10	**lys**	**20**	**vin**

Exemple : vous devez mémoriser la liste des 15 mots : vodka - érable - cow-boy - dragon - carnaval - kangourou - lotus - tango - kayak - fennec - belge - sirène - pétrole - sombrero - archipel.

✓ Vous pouvez imaginer le scénario :

- 1er mot : vodka/main → vous tenez à la main une bouteille de vodka ;
- 2e mot : érable/dieu → un dieu assis sur un tapis de feuilles d'érable ;
- 3e mot : cow-boy/croix → un cow-boy qui fait son signe de croix ;
- 4e mot : dragon/carte → une carte à jouer représentant un dragon ;
- 5e mot : carnaval/singe → un singe gigantesque dans un carnaval ;
- 6e mot : kangourou/scie → un kangourou qui scie un arbre ;
- 7e mot : lotus/cassette → une fleur de lotus peinte sur une cassette ;
- 8e mot : tango/huître → une huître qui danse un tango langoureux ;
- 9e mot : kayak/œuf → un kayak de couleur jaune d'œuf ;
- 10e mot : fennec/lys → un fennec qui mange une fleur de lys ;
- 11e mot : belge/bronze → un belge qui bronze en mangeant des frites;
- 12e mot : sirène/pelouse → une sirène assise sur une belle pelouse ;
- 13e mot : pétrole/fraise → du pétrole coulant sur des fraises ;
- 14e mot : sombrero/torse → un sombrero sur le torse d'un mexicain ;
- 15e mot : archipel/sphinx → un sphinx au-dessus d'un archipel d'îles.

Conseils

- Il existe d'autres manières de créer des **Tables de Rappel : « chiffres - formes », « Système Majeur »...**
- Vous pouvez créer une **Table de Rappel personnelle** avec des mots que vous préférez : **18** associé à **pompier.**
- Le chiffre **0** peut être associé à **héros.**
- Les associations et l'histoire que vous imaginez doivent être les **plus insolites possibles**, afin de marquer l'esprit.
- Vous pouvez facilement mémoriser des suites de chiffres.

Exemple : vous devez mémoriser le code secret suivant :

4 1 2 5 1 6.

✓ Vous découpez le code secret avec des nombres de 1 à 20 :

4 12 5 16.

✓ Vous imaginez le scénario : « je joue aux **cartes/4** sur une belle **pelouse/12** verte avec un **singe/5** qui mange des **merguez/16. »**

Tour de mentalisme

- Vous pouvez exécuter un tour de mentalisme :
  - demandez à un ami **d'écrire sur un papier les chiffres de 1 à 15 et en face de chacun d'eux un mot différent ;**
  - lisez les 15 duos nombres-mots et **mémorisez-les avec votre Table de Rappel ;**
  - demandez à **votre ami de vous donner un nombre** pour que **vous lui donniez le mot associé !** ou de vous **donner un mot** pour que **vous lui donniez le nombre associé !**
  - **plus bluffant :** vous pouvez réciter la liste des mots associés aux **nombres pairs** : 2/érable - 4/dragon - 6/kangourou..., aux **nombres impairs** : 1/vodka - 3/cow-boy - 5/carnaval..., ou **la liste dans le sens inverse :** archipel - sombrero - pétrole - sirène - belge - fennec...

Conseil

- Les mots de la liste à mémoriser peuvent être associés à d'autres éléments : pays, personnalités, planètes, etc.

Exemple : vous devez mémoriser la liste des 15 pays les plus vastes : Russie - Canada - États-Unis - Chine - Brésil - Australie - Inde - Argentine - Kazakhstan - Algérie - République Démocratique du Congo - Danemark - Arabie Saoudite - Mexique - Indonésie.

✓ Vous pouvez utiliser les associations mentales :

1/Russie/vodka - 2/Canada/feuille d'érable - 3/États-Unis/cow-boy - 4/Chine/dragon - 5/Brésil/carnaval - 6/Australie/kangourou - 7/Inde/lotus - 8/Argentine/tango - 9/Kazakhstan/kayak - 10/Algérie/fennec - 11/République Démocratique du Congo/belge - 12/Danemark/sirène - 13/Arabie Saoudite/pétrole - 14/Mexique/sombrero - 15/Indonésie/archipel.

✓ Pour restituer la liste ordonnée des 15 pays, vous restituez chacun des 15 mots (mentalement avec l'astuce 99 de la Table de Rappel), puis vous annoncez le pays qui lui est associé.

Astuce 100 : Palais de la Mémoire

La méthode des Loci ou Palais de la Mémoire est une méthode mnémotechnique qui consiste à placer chaque information à mémoriser le long d'un trajet imaginaire dans un lieu précis (« Loci » est le pluriel du mot latin « locus » signifiant « lieu »). Elle se déroule en 4 étapes :

①✱ vous choisissez comme palais de mémoire un endroit familier : votre maison, votre appartement, un quartier de votre ville, votre trajet domicile/travail, un parc, une bibliothèque…

②✱ vous concevez un itinéraire : porte d'entrée, couloir, escalier, chambre, fenêtre, étagères…Vous visualisez chaque détail. Vous devez retenir les étapes de votre itinéraire toujours dans le même ordre (en tournant dans le sens des aiguilles d'une montre).

③✱ à chacune de ces étapes, vous reliez une des informations à mémoriser (ou un terme se rapprochant). Plus le lien est insolite, plus la visualisation s'ancrera dans votre mémoire et plus le rappel se fera.

④✱ vous passez en revue votre scénario jusqu'à qu'il devienne familier.

Exemple : vous devez mémoriser la liste des 15 pays les plus vastes.

✓ Vous prenez **votre maison comme Palais de la Mémoire et l'itinéraire** :

Entrée :	1• porte	2• vestibule	3• pot de fleurs
Cuisine :	4• réfrigérateur	5• table	6• chaise
	7• four micro-ondes	8• transistor	9• évier
Séjour	10• tapis	11• guéridon	12• canapé
	13• lampe	14• téléviseur	15• cheminée

✓ Vous pouvez utiliser les associations mentales :

1/porte/Russie/vodka - 2/vestibule/Canada/feuille d'érable - 3/pot de fleurs/États-Unis/cow-boy - 4/réfrigérateur/Chine/dragon - 5/table/Brésil/carnaval - 6/chaise/Australie/kangourou – 7/four/Inde/lotus…

✓ Vous pouvez imaginer le scénario : « Quand j'ouvre la **porte** d'entrée, le contenu d'une **bouteille de vodka** se renverse entièrement sur le sol. Dans le **vestibule**, il y a quelques feuilles d'**érable**. Un chapeau de **cow-boy** est posé sur le cactus en **pot**. Mon fils a collé le dessin d'un **dragon** sur la porte du **réfrigérateur.** Sur la **table**, j'ai posé une publicité pour les voyages, avec une belle photographie du **carnaval** et sur la **chaise**, une peluche **kangourou** est posée. Sur le côté du **four**, il y a une immense fleur de **lotus**… »

✓ Ajoutez des **sensations** : un **grand bruit** quand la bouteille tombe, des feuilles **d'érable de couleur rouge vif**, un **tout petit chapeau de cow-boy** posé sur le cactus, un **dragon qui crache du feu**, un **carnaval coloré et animé**, une **énorme peluche kangourou**…

Conseils

- Vous pouvez utiliser le palais de mémoire (**rue piétonne, trajet domicile/travail, galerie commerciale, corps humain, musée, parc d'attractions, jardin public…**) et l'itinéraire que vous souhaitez.
- Le **palais de mémoire peut être agrandi** à volonté : vous ne l'oublierez pas car **il coïncide avec des lieux ancrés** depuis longtemps **dans votre mémoire à long terme.**

Le saviez-vous ?

- L'astuce du Palais de la Mémoire est pratiquée depuis l'Antiquité et attribuée au **poète grec Simonide de Céos.**
- Selon la légende, un palais, dans lequel Simonide était invité à un banquet, s'effondra peu après qu'il en soit sorti, faisant de lui le seul survivant. Sous les décombres, on ne pouvait pas reconnaître les victimes défigurées.
- Le **poète retrouva l'identité des corps en se rappelant la place des convives avant la tragédie.**

Entraînement 3

Vous devez mémoriser la liste des 15 pays de l'union européenne les plus peuplés : Allemagne - France - Italie - Espagne - Pologne - Roumanie - Pays-Bas - Belgique - Grèce - Tchéquie - Portugal - Suède - Hongrie - Autriche - Bulgarie.

h. Pour chacun des 15 pays, créez une association mentale.

i. Grâce aux mots que vous venez de trouver, mémorisez la liste des 15 pays de l'union européenne les plus peuplés avec une Table de Rappel.

j. Grâce aux mots que vous venez de trouver, mémorisez la liste des 15 pays de l'union européenne les plus peuplés avec un Palais de la Mémoire.

Correction des entraînements

a. Réponse : « **À** **J**ouer **P**resque **S**eul **T**u **D**eviens **G**rincheux. » permet de mémoriser **les sept nains de Blanche Neige :** **A**tchoum, **J**oyeux, **P**rof, **S**implet, **T**imide, **D**ormeur, **G**rincheux.

b. Réponse : « **DePomGiMiChiSarHoMa** » permet de mémoriser, **dans l'ordre chronologique, les présidents de la Ve République française.**

c. Réponse : Roosevelt, **Tru**man, **Eisen**hower, **Ken**nedy, **Jo**hnson, **Ni**xon, **Fo**rd et **Ca**rter, **Re**agan, **Bu**sh, **Cli**nton, **Bush**, **Oba**ma, **Tru**mp.

d. Réponse : vous pouvez inventer l'histoire suivante : « Tout près du soleil, le **mercure** du thermomètre m'indique qu'il fait chaud. La déesse **Vénus**, assise par **terre**, mange une barre chocolatée périmée en **mars**. Le **juge** s'avance vers elle et lui demande si **ça tourne**. Il pense qu'il faut appeler les **urgences** pour consulter le docteur **Neptune. »**

e. Réponse : O. Initiales des conjonctions de coordination : Mais, Ou, Et, Donc, **O**r, Ni, Car.
f. Réponse : J. Initiales des huit planètes du système solaire : Mercure, Vénus, Terre, Mars, **J**upiter, Saturne, Uranus, Neptune.

Le saviez-vous ?

- Les initiales des trois dernières planètes forment le mot **SUN** !

g. Réponse :

Catégorie 1 : ingrédients de base	- farine - chocolat - œuf	- riz - café - sucre
Catégorie 2 : fruits	- pomme - cerise - pêche	- poire - kiwi - banane
Catégorie 3 : animaux	- chat - lion - tigre	- singe - girafe - éléphant
Catégorie 4 : couleurs	- orange - violet - marron	- bleu - vert - rose
Catégorie 5 : fleurs	- tulipe - jonquille - azalée	- pivoine - bleuet - œillet
Catégorie 6 : vêtements	- pantalon - gilet - écharpe	- robe - chemise - jupe
Catégorie 7 : arbres	- sapin - charme - hêtre	- peuplier - acacia - chêne

- Vous avez peut-être restitué un nombre important de mots : n'en soyez pas étonné.

h. Réponse : vous pouvez utiliser les associations : **Allemagne/choucroute - France/Marianne - Italie/spaghetti - Espagne/taureau - Pologne/polo - Roumanie/roue - Pays-Bas/tulipe - Belgique/frite - Grèce/sirtaki - Tchéquie/chèque - Portugal/morue - Suède/Björn Borg - Hongrie/Franz Liszt - Autriche/autruche - Bulgarie/yaourt.**

i. Réponse : Table de Rappel : vous pouvez imaginer le scénario :

- 1er mot : choucroute/main → vous tenez à la main une part de choucroute ;
- 2e mot : Marianne/dieu → Marianne parle avec un dieu ;
- 3e mot : spaghetti/croix → un plat de spaghettis à la bolognaise servi sur une table en forme de croix ;
- 4e mot : taureau/carte → une carte à jouer représentant un taureau ;
- 5e mot : polo/singe → un singe gigantesque portant un polo rose ;
- 6e mot : roue/scie → une roue avec un logo en forme de scie ;
- 7e mot : tulipe/cassette → une tulipe jaune peinte sur une cassette ;
- 8e mot : frite/huître → un menu « huîtres et frites » ;
- 9e mot : sirtaki/œuf → un Grec danse le sirtaki sur des œufs ;
- 10e mot : chèque/lys → un chèque pour régler l'achat d'un bouquet de lys de couleur blanche ;
- 11e mot : morue/bronze → une morue bronze en plein soleil :
- 12e mot : Björn Borg/pelouse → Björn Borg joue au tennis sur la pelouse de Roland-Garros ;
- 13e mot : Franz Liszt/fraise → Franz Liszt compose une agréable mélodie tout en mangeant une tarte aux fraises ;
- 14e mot : autruche/torse → une énorme autruche est tatouée sur le torse d'un homme ;
- 15e mot : yaourt/sphinx → un sphinx mange des yaourts.

j. Réponse : Palais de la Mémoire :

Entrée :	1• porte	2• vestibule	3• pot de fleurs
Cuisine :	4• réfrigérateur	5• table	6• chaise
	7• four micro-ondes	8• transistor	9• évier
Séjour	10• tapis	11• guéridon	12• canapé
	13• lampe	14• téléviseur	15• cheminée

Vous pouvez imaginer le scénario :
« Quand j'ouvre la **porte** d'entrée, une part de **choucroute** (percevez l'odeur) se renverse entièrement sur le sol. Dans le **vestibule**, il y a un cadre représentant **Marianne**. Le cactus en **pot** ressemble à un énorme **spaghetti.** Mon fils a collé le dessin d'un **taureau** sur la porte du **réfrigérateur.** Sur la **table**, j'ai posé une publicité pour les **polos** (d'une marque très célèbre) et ma grand-mère s'assoie sur la **chaise à roulettes**. Un vase contenant un bouquet de **tulipes** rouges est posé sur le dessus du **four micro-ondes** ... »